高层建筑设计与绿色低碳技术

卞素萍　编著

内 容 提 要

本教材主要研究常见综合类型的高层建筑设计方法，内容新颖、简明、实用。从理论分析、方法探讨到设计案例的介绍，紧扣高层建筑应对气候变化和能源短缺的设计方向，以及设计中与城市的可持续发展、历史文化特征等要素的关联性；在总结部分国内外高层建筑优秀设计思想和实例经验的基础上，针对未来高层建筑发展中可能存在的问题，探讨解决思路和方法。本书图文并茂，理论研究与实例介绍相结合，可以作为高等院校建筑设计专业师生和研究人员的教学用书，也可以作为设计院、政府管理部门、房地产开发机构、策划咨询机构、施工单位等相关专业人员实施高层建筑管理、设计、研发和建设的参考资料。

图书在版编目(CIP)数据

高层建筑设计与绿色低碳技术 / 卞素萍编著. — 南京：东南大学出版社，2025.1
ISBN 978-7-5766-0734-5

Ⅰ. ①高… Ⅱ. ①卞… Ⅲ. ①高层建筑-建筑设计 Ⅳ. ①TU972

中国国家版本馆 CIP 数据核字(2023)第 072970 号

责任编辑：朱震霞　责任校对：张万莹　封面设计：王　玥　责任印制：周荣虎

高层建筑设计与绿色低碳技术

GAOCENG JIANZHU SHEJI YU LÜSE DITAN JISHU

编　　著	卞素萍
出版发行	东南大学出版社
社　　址	南京市四牌楼2号　邮编：210096
出 版 人	白云飞
网　　址	http://www.seupress.com
电子邮箱	press@seupress.com
经　　销	全国各地新华书店
印　　刷	广东虎彩云印刷有限公司
开　　本	787 mm×1092 mm　1/16
印　　张	11.25
字　　数	240 千字
版　　次	2025 年 1 月第 1 版
印　　次	2025 年 1 月第 1 次印刷
书　　号	ISBN 978-7-5766-0734-5
定　　价	52.00 元

本社图书若有印装质量问题，请直接与营销部调换。电话(传真)：025-83791830

前言 Foreword

随着我国"双碳"目标的提出，可持续发展的理念越发重要，绿色建筑蓬勃发展，高层建筑也逐步走上生态化可持续发展的道路。高层建筑应从设计之初的方案创作阶段到后期的运行维护阶段都要秉持绿色的设计与运行方式。绿色低碳节能技术的快速发展也将对高层建筑设计提供巨大的支持。这些绿色思维的践行，将产生巨大的经济和社会效应。

本书系统分析了高层建筑的发展历史、高层建筑塔楼设计与技术要点、高层建筑的造型设计与空间设计、高层建筑的总体布局与交通组织、高层建筑的结构及设备设计、高层建筑的气候应对及策略等。此外还从空间、技术、材料、气候、能源等要素着手，分析总结可持续性高层建筑的设计理念，并探索其创新设计举措和先进技术，以期推动城市生态的健康发展。

本书由江苏省绿色低碳发展国际合作联合实验室、自然资源部碳中和与国土空间优化重点实验室南京工程学院研究中心开放基金项目（CNT202207）资助。

书中设计实例与当前新规范紧密结合，条理清晰、内容翔实，结合编著者调研的第一手资料，理论联系实践，实用性更强；同时提供大量设计图片，图文并茂，给读者更直观的学习感受。由于编著者水平有限，书中疏漏、不妥之处敬请批评指正。

目 录
Contents

① 第一章
高层建筑的发展历史及案例研究 / 1

1.1 高层建筑发展的历史背景 / 1
    1.1.1 芝加哥大火与芝加哥学派 / 2
    1.1.2 芝加哥时期(1865—1893年) / 3
    1.1.3 古典主义复兴时期(1893—第一次世界大战前) / 3
    1.1.4 摩天楼时期(第一次世界大战后—1929年) / 5
    1.1.5 现代主义时期(第二次世界大战后—20世纪70年代) / 7
    1.1.6 后现代主义时期(20世纪70年代至今) / 9

1.2 高层建筑发展趋势及人居环境面临的挑战 / 15
    1.2.1 21世纪高层建筑的发展趋势 / 15
    1.2.2 高层建筑建造的必要性和可持续性 / 16

② 第二章
高层建筑塔楼设计与技术要点 / 21

2.1 高层建筑塔楼及其标准层设计 / 21
    2.1.1 高层建筑塔楼分类及设计要点 / 21
    2.1.2 高层建筑标准层设计要求 / 22

2.2 高层建筑塔楼标准层平面形式 / 23
    2.2.1 一般标准层平面形式 / 23
    2.2.2 特殊标准层平面形式 / 26

2.3 高层建筑核心体设计要点及竖向分区设计 / 31
　　2.3.1 核心体的功能和分类 / 32
　　2.3.2 高层建筑塔楼电梯设计策略 / 36
　　2.3.3 塔楼电梯类型及配置 / 38
　　2.3.4 超高层建筑塔楼的竖向分区设计 / 41
2.4 高层建筑塔楼设计的安全措施 / 43
　　2.4.1 高层建筑总平面布局与防火要求 / 43
　　2.4.2 高层建筑的安全疏散和避难措施 / 46
　　2.4.3 高层建筑疏散设计案例分析 / 49

第三章 高层建筑造型及空间设计解析 / 53

3.1 高层建筑形体塑造解析 / 53
　　3.1.1 建筑形体的基本类型 / 53
　　3.1.2 高层建筑立面形态与形体塑造 / 56
　　3.1.3 形体组合关系与高层建筑的立面设计 / 57
　　3.1.4 高层建筑塔楼顶部造型设计 / 58
3.2 高层建筑造型特征及典型案例分析 / 60
　　3.2.1 高层建筑造型设计与城市文化体现 / 60
　　3.2.2 现代设计美学与高层建筑造型表达 / 63
　　3.2.3 生态思想表达与高层建筑造型设计 / 64
　　3.2.4 高层建筑多元化的造型表达方式 / 67
3.3 高层建筑入口设计解析 / 72
　　3.3.1 高层建筑入口及细部设计 / 72
　　3.3.2 高层建筑的系统规划及整体设计观 / 76
3.4 我国高层建筑造型设计及案例 / 78
　　3.4.1 深圳华润总部 / 79
　　3.4.2 南京德基广场 / 80
　　3.4.3 腾讯滨海大厦 / 80

第四章
高层建筑总体布局与交通组织 / 84

4.1 高层建筑总平面组织与城市交通 / 84
- 4.1.1 高层建筑与城市交通的紧密融合 / 85
- 4.1.2 高层建筑底部公共空间与城市交通的衔接与转换 / 87
- 4.1.3 高层建筑与城市立体交通及步行网络的连接方式 / 89

4.2 高层建筑地下车库的要素及设计 / 92
- 4.2.1 车库的分类及地下车库的配建 / 92
- 4.2.2 车库的坡道形式 / 94
- 4.2.3 停车区域与停车位设计 / 96
- 4.2.4 地下停车库的设计要素 / 98
- 4.2.5 高层建筑车库设计案例 / 100

第五章
高层建筑结构与设备设计 / 103

5.1 高层建筑结构选型与设计原则 / 103
- 5.1.1 高层建筑结构设计要点与原则 / 103
- 5.1.2 高层建筑结构概念设计与塔楼平面确定 / 107
- 5.1.3 提高整体承载力和抗侧移能力的措施 / 109
- 5.1.4 高层建筑结构设计案例 / 111

5.2 高层建筑给排水设计 / 112
- 5.2.1 高层建筑给水系统 / 113
- 5.2.2 高层建筑排水系统 / 115

5.3 高层建筑空调系统设计 / 117
- 5.3.1 空调系统的组成 / 117
- 5.3.2 空调房间的气流组织 / 120
- 5.3.3 典型案例分析 / 121

5.4 高层建筑防排烟设计要点 / 122
- 5.4.1 高层建筑防烟概念及设计要求 / 122
- 5.4.2 高层建筑排烟概念及设计要求 / 124

5.5 高层建筑电气设计 / 125

5.5.1 建筑电气系统 / 125
5.5.2 高层建筑电气设计要点 / 126

第六章 高层建筑绿色低碳技术及案例解析 / 131

6.1 高层建筑应对气候变化的思考及可持续目标 / 131
    6.1.1 高层建筑应对气候变化的思考 / 131
    6.1.2 高层建筑可持续发展的目标及其解析 / 133

6.2 高层建筑生态环境保护与绿色表皮设计实例 / 135
    6.2.1 圣地亚哥大厦 / 136
    6.2.2 新加坡都市绿塔 / 137
    6.2.3 美国匹兹堡 PNC 广场 1 号 / 138

6.3 高层建筑提高能效及被动式技术应用的实例 / 139
    6.3.1 以色列特拉维夫的公寓大楼 / 140
    6.3.2 瑞士再保险总部大楼 / 141

6.4 高层建筑设计与可再生材料及能源利用 / 142
    6.4.1 以可再生材料木质材料建造的高层建筑 / 142
    6.4.2 可再生能源利用——光伏发电实例解析 / 144
    6.4.3 可再生能源利用——太阳能及地源热泵技术实例解析 / 146

6.5 高层历史建筑的可持续改造和新旧建筑融合 / 147
    6.5.1 德国法兰克福欧洲中央银行 / 148
    6.5.2 波士顿证券交易所大楼 / 150
    6.5.3 纽约银行梅隆中心 / 151

6.6 高层建筑气候应对策略及可持续设计 / 152
    6.6.1 高层建筑应对气候的法规及案例 / 152
    6.6.2 高层建筑的多样复合型空间与可持续设计 / 156
    6.6.3 高层建筑绿色低碳技术的综合运用案例解析 / 160

6.7 高层建筑生态环境保护与空间设计的新探索 / 166
    6.7.1 高层建筑关注人和一体化设计 / 166
    6.7.2 高层高密度城市模块化综合建筑 / 168

第一章
高层建筑的发展历史及案例研究

1.1 高层建筑发展的历史背景

1870年至1892年间,有些不同的建筑在争夺第一座摩天大楼的美誉。例如墨西哥建筑师兼历史学家弗朗西斯科·穆吉卡(Francisco Mujica)将詹尼(Jenney)在芝加哥建造的房屋保险大楼(Home Insurance Building)视为第一座摩天大楼,它共有10层,高度约为42 m,在1890年又增加了2层。同期的还有亚瑟·吉尔曼(Arthur Gilman)和爱德华·H.肯德尔(Edward H. Kendall)建造的公平生命保障大楼(The Equitable Life Assurance Building)。此外,乔治·B.波斯特(George B. Post)在曼哈顿建造的西联大厦(The Western Union Building)和理查德·莫里斯·亨特(Richard Morris Hunt)在曼哈顿修建的论坛报大厦(The Tribune Building)等都是知名的摩天大楼。

在19世纪晚期,"摩天大楼"一词被用于10层及以上的建筑。在20世纪,随着建筑技术的进步,该定义被细化为仅包括40层以上、150 m(约492英尺)以上的建筑。超高层摩天大楼指的是高于300 m的建筑物,而超高层摩天大楼指超过600 m的建筑物。

美国在经济和技术条件上的成长是高层建筑推进的重要原因。摩天大楼的历史与技术进步密切相关。蒙纳德诺克大厦(Monadnock Building)完全是由砖砌成的(芝加哥,1891年)。20世纪60年代末,管道结构原理的发展使得楼层数增加了一倍。电梯的发明给高层建筑带来明显推动力,由伊莱沙·奥蒂斯(Elisha Otis)于1852年发明的安全电梯,这意味着上层和下层一样容易到达。此外,钢筋笼和骨架结构以及防火柱和梁的能力也促成了这一演变。然而,同时期的欧洲重视对城市历史风貌的保护。其在法规上不允许商业建筑将阴影投落在住宅和其他公共建筑上,且长时间限制建筑物的高度。因重视对城市历史风貌保护,除了第二次世界大战(简称"二战")中毁坏较重的城市,欧洲大部分城市在发展中保持了严格的高度控制标准。

由此,当时技术的发展奠定了高层建筑发展的坚实基础。① 钢铁框架结构体系:结构依附钢铁框架,铆接梁柱。② 电梯垂直交通技术:奥蒂斯发明的安全载客升降机,解决了垂直方向的交通问题。

美国很多城市都对建筑限高有较为明确的要求,比如:1891年波士顿确定的建筑限高为125英尺(约38.1 m),1910年芝加哥确定的建筑限高为200英尺(约60.96 m)、洛杉矶则为150英尺(约45.72 m)。区划最早作为一种城市规划工具由德国首创,并于1891年在德国法兰克福全面实施。以德国区划模式作为技术来源,纽约在1916年于全美率先颁布《区划条例》(Zoning Resolution),《区划条例》主要用于控制大型和高层建筑,分离居住、商业和工业三大区。此后,美国其他城市仿照纽约分别制定了各自地方区划。

1.1.1 芝加哥大火与芝加哥学派

19世纪80年代,芝加哥产生了一批杰出的建筑师,他们对高层建筑设计产生深远影响,原因有很多。首先,1871年芝加哥的灾难性大火加上公民自豪感的重新抬头(到1880年)导致了建筑热潮。其次,该市的人口在迅速增长,到1890年,人口总数超过100万,超过费城成为美国第二大城市(仅次于纽约)。所有这些都导致了房地产价格的飙升。芝加哥这个在美国经济上举足轻重的城市的重建,吸引了大量的资金投入,大量的建筑项目等待进行,芝加哥成为美国建筑师密度最高的地区,形成了"芝加哥学派"。其重大成就是采用新的建筑结构——钢结构来建造高层建筑,其中最具世界影响力的建筑家就是路易斯·沙利文(Louis Sullivan),他提出了"形式服从功能"(Form follows function)的口号。芝加哥也因此成为世界摩天大楼的摇篮和发源地。

在建筑史上,"第一芝加哥学派"是19世纪末和20世纪初活跃于芝加哥的建筑师学派,包括设计师威廉·勒·巴伦·詹尼(William Le Baron Jenney)以及其他一些创新的美国建筑师威廉·霍拉比德(William Holabird)、路易斯·沙利文等。这些人后来成立了19世纪建筑界的一些著名公司。他们也是最早在商业建筑中推广钢架结构新技术的人,并发展了一种空间美学,这种美学与欧洲现代主义设计运动的平行发展、共同发展,并产生了影响。具有现代主义美学的"第二芝加哥学派"出现于20世纪40年代至70年代,开创了新的建筑技术和结构体系,如管框架结构,也出现了新的建筑设计浪潮。围绕着欧洲现代主义,密斯·凡·德·罗(Mies van der Rohe)的作品以及他在伊利诺伊理工学院的教学活动,都与"国际风格"及现代简约主义密切相关,部分源自包豪斯设计学派,作品中以湖岸大道公寓(Lake Shore Drive Apartments)和西格拉姆大厦(Seagram Building)等建筑而闻名。与其相关的主要建筑设计事务所是Skidmore,

Owings & Merrill(SOM),他们于 20 世纪 60 年代在设计和结构工程方面的突破,证实了美国是 20 世纪高层建筑无可争议的领导者,并催生了新一代超高层建筑。

美国高层建筑造型演变经历了四个时期,即芝加哥时期、古典主义复兴时期、现代主义时期以及后现代主义时期。

1.1.2 芝加哥时期(1865—1893 年)

芝加哥时期的高层建筑处于早期的功能主义时期。当时的建造者首先考虑的是经济、效率、速度以及面积,强调功能优先且风格位于次要位置,基本不考虑装饰。体型与风格大都表达骨架结构的内涵,强调横向水平的效果,普遍采用扁阔的大窗,即"芝加哥窗"。当时的代表建筑为家庭保险公司大楼。

1.1.3 古典主义复兴时期(1893—第一次世界大战前)

与早期的功能主义高层建筑体现的简洁外观相比,古典主义复兴时期的高层建筑试图在新结构、新材料的基础上,将功能性与传统的建筑风格联系在一起,呈现出一种折中主义的面貌,旨在通过运用历史样式来寻求美学上的解决办法。

美国建筑界的古典主义复兴开始于纽约和东海岸,并逐渐向中西部和西海岸扩展,重要的代表性建筑包括帝国大厦(Empire State Building)、克莱斯勒大厦(Chrysler Building)等。这一时期的高层建筑通过运用历史样式来寻求美学上的解决办法,大厦的构造由石头、砖、钢架与电镀金属构成。该设计风格也被称为纽约学派。布鲁斯·普赖斯(Bruce Price)于 1894—1896 年在纽约设计的美国保险公司大楼(New York Life Insurance Company Tower),采用古典三段式的处理,在当时被认为是学院派高楼设计的典型。

1. 帝国大厦(Empire State Building)

帝国大厦共有 102 层,高达 381 m,也是世界上第一座高度突破 100 层的摩天大楼,雄踞世界最高建筑的宝座达 40 年之久,曾为纽约市的标志性建筑(图 1-1)。大厦的装饰艺术风格在纽约是典型的"二战"前的建筑风格。世界贸易中心大楼在 9·11 事件中倒塌后,帝国大厦继续接任纽约第一大楼的头衔,直到自由塔建成。大厦的底层设有一个当时领先全球的风洞系统,工程师利用管道把风引入地底,在经过过滤冷却后再输送到各个楼层,可为大楼提供免费的制冷和清新空气。观景台环绕大厦的顶部,可以 360°俯瞰纽约市,包括中央公园、布鲁克林大桥、时代广场等。它采用了现代材料,如钢和平板玻璃,并将世界各地的建筑传统元素融入原始风格中。帝国大厦的高度越高,它就越远离街道,其最后一层呈金字塔状,水平面逐渐后退。在装饰艺术运动期间,人们经常接近金塔，主要原因有 2 个：在这段时间，纽约分区委员会（New York Zoological Commission）对建筑进行了精确的指示，要求它们在高度增长时与街道保持距离；装饰艺术艺术家和建筑师实际上喜欢借鉴世界各地的建筑传统元素，并将其融入其原始风格。

图 1-1　纽约帝国大厦

（来源：作者拍摄）

2. 克莱斯勒大厦（Chrysler Building）

克莱斯勒大厦坐落在纽约市中心。它是世界上第一座摩天大楼，高度 319 m，77 层；也是作为克莱斯勒显赫的汽车制造帝国的标记。作为纽约市曼哈顿东区的一座装饰艺术摩天大楼，克莱斯勒大厦被认为装饰艺术建筑学的杰作。它也是世界上最高的钢框架砖砌建筑，在 1930 年竣工后的 11 个月里一直是世界最高建筑，后被帝国大厦所超越。该建筑最著名的特征就是大楼上的冠顶，由 7 个放射状的拱组成，整个冠顶呈银白色，由十字形弧棱拱顶与 7 个同心圆组成，不锈钢板以辐射状铆接许多三角形孔。

3. 旧金山市政厅（San Francisco City Hall）

旧金山市政厅是政府办公大楼，建筑宏伟壮观、古典文艺，而且有个巨大的穹顶。旧金山市中心留给人印象最深的建筑就是该市政厅，是一座巨型、古典和对称的杰作（图 1-2）。旧的市政厅在 1906 年旧金山大地震时被彻底毁坏，之后由建筑师小约翰·贝克韦尔(John Bakewell Jr.)和小阿瑟·布朗(Arthur Brown Jr.)设计,它浓缩了当时风行的建筑艺术学院式风格。它的穹顶是世界第五大穹顶,让市政厅具有威严氛围。市政厅巴洛布克样式的圆顶貌似梵蒂冈的圣彼得大教堂的外表形象,巴黎荣军院般的穹顶设计,巨大的穹顶高达93.73 m,名列世界第五位,采用世界各地的精品建材,包括美国匹兹堡附近安布里奇的钢铁、美国马德拉县的花岗岩、美国印第安纳州的砂岩以及美国亚拉巴马州、科罗拉多州、佛蒙特州和意大利的大理石。

图1-2 旧金山市政厅

(来源:作者拍摄)

1.1.4 摩天楼时期(第一次世界大战后—1929年)

从第一次世界大战(简称"一战")后至1929年,高层建筑进入"摩天楼时期",特征为装饰艺术(Art Deco),代表人物是胡德(Hood),代表作是格雷堡大厦(The Graybar Building)。建筑体现了理性与浪漫的结合,并承载着一种新的生活方式、美学思维及价值。

1. 洛克菲勒总部大楼(Rockefeller Center)

具有典型"装饰艺术"风格和现代主义风格的大型高层建筑"洛克菲勒中心"的设计,以及其在纽约市中心的地理位置,成为具有地标意义的重要建筑。哈里森(Harrison)从设计过程中深刻地了解了现代建筑的构造和"装饰艺术"风格的精神和风格特征。这栋建筑虽具有最精致的"装饰艺术"风格立面、室内和环境艺术特征,但是整体结构则是现代的,采用钢筋混凝土结构且立面简洁,如果从渊源来看,它与沙利文的芝加哥学派的风格是一脉相承的。

2. 芝加哥期货交易所大楼(Chicago Board of Trade)

图1-3 芝加哥期货交易所大楼

(来源:作者拍摄)

大楼由约翰·奥古尔·霍拉伯德(John Augur Holabird)和约翰·韦尔伯恩·鲁特(John Wellborn Root)在装饰艺术的全盛时期设计,包含了这种装饰风格的许多最受欢迎的特点。丰富的灰色印第安纳石灰岩桥墩、深色窗户和凹陷得几乎消失不见的拱肩共同作用,使建筑具有醒目的垂直方向。其流线型的几何和抽象的外部装饰以及建筑的宝座形体量也表明了这一时期的装饰艺术潮流。艺术家约翰·斯托尔斯(John Storrs)创作的罗马谷神星塞雷斯(Ceres)的无脸铝制雕像矗立在建筑的金字塔屋顶上,其衣服上的直线和机器制作的外观使雕像成为这一完全风格化结构的典型装饰艺术装饰(图1-3)。

这座装饰艺术风格的建筑顶部是一尊31英尺(约9.5 m)高的塞雷斯雕像,以纪念交易所作为商品市场的传统。1977年大楼被指定为芝加哥地标,该建筑现在是国家历史地标,并且获得许多奖项,包括2014、2015年国际建筑业主与管理者协会(Building Owners and Managers Association International,BOMA)年度杰出建筑奖(The Outstanding Building of the Year,TOBY)的翻新建筑类别以及2008年市中心之友翻新奖等。

自1930年首次出现在芝加哥天际线以来,大楼一直是一座代表成就的纪念碑。因在芝加哥市中心繁华的中心地带,作为一座高耸的装饰艺术建筑,因其历史重要性和建筑宏伟而受到认可和赞誉。

3. 上海和平饭店

上海和平饭店,又叫沙逊大厦(Sassoon House),位于著名的外滩和繁华的南京路交会处,饭店是装饰艺术风格的代表作。历经3年大规模整修,复古魅力重新焕发。200余间别具一格的客房及套房,配备了结合装饰艺术主义风格的家具和现代化生活设施。沙逊大厦由公和洋行设计,钢筋混凝土框架结构,占地面积4 617 m²,原建筑面积36 317 m²。大厦高10层,局部13层,另有地下室,是当时上海最高的建筑,也是全上海第一栋在真正意义上突破10层的摩天大楼。这是受1922年发现埃及图坦卡蒙法老陵墓的影响而特意建造的,整栋大楼的高度达到了77 m。立面以垂直线条为主,在腰线和檐口处有雕刻的花纹。外墙除第9层和顶部用泰山石面砖外,其余各层均用花岗石贴面。沙逊大厦从体型、构图、到装饰细部,都已大幅度地简化。顶部19 m的墨绿色方锥体是外滩建筑的历史转折点,它标志着外滩开始从新古典主义向装饰艺术派的转变。大厦腰线及檐部处饰有花纹雕刻,充分体现了当时流行的"芝加哥学派"的设计手法,表现了从折中主义向现代式建筑过渡的特点。

1.1.5 现代主义时期(第二次世界大战后—20世纪70年代)

"二战"后,由于在轻质高强材料、抗风抗震结构体系、施工技术及施工机械等方面都取得了很大进步以及计算机在设计中的应用,高层建筑得以飞速发展。20世纪50年代末,以密斯为代表的讲求技术精美的倾向占据了主导地位,简洁的钢结构国际式玻璃盒子到处盛行。现代主义建筑师反对学院派的折中主义与模仿历史样式,要求彻底重新解释建筑艺术,他们拒绝装饰和引进历史形式,而信奉更为技术化和理性表现的建筑形式。其建筑形象大多是单纯的"方盒子",并由建筑的经济性、建筑结构以及内外墙关系的功能性来确定。由基座、楼身与顶部组成的古典三段式几乎不再存在。

1. 西格拉姆大厦(Seagram Building)

西格拉姆大厦建于1954—1958年,共38层,高158 m,设计者是著名建筑师密斯·凡·德·罗(Mies van der Rohe)和菲利普·约翰逊(Phillip Johnson)。密斯的玻璃摩天楼诠释了他的名言"少就是多(Less is more)"。他向人们证明,高品质的材料和完美的建筑细部,比任何精美的造型和装饰都更有说服力。西格拉姆大厦被认为是功能主义建筑的经典、现代主义建筑美学的杰作。

大厦的设计风格体现了密斯一贯的主张,那就是基于对框架结构的深刻解读,简化的结构体系,精简的结构构件,讲究的结构逻辑表现,使之产生没有屏障可供自由划分的大空间。采用了当时刚发明的染色隔热玻璃做幕墙,这些琥珀色的玻璃,配以镶包青铜的铜窗格,使大厦在纽约众多的高层建筑中显得优雅华贵。建筑细部处理都经过慎重的推敲,简洁细致,突出材质和工艺的审美品质(图1-4)。

2. 约翰·汉考克中心(John Hancock Center)

大厦是SOM建筑设计事务所创新国际式风格设计的代表作。主要以均匀的未经过装饰的几何图形、宽敞的室内环境以及使用玻璃、钢铁和钢筋混凝土为其主要特征。约翰·汉考克中心独特的结构设计,即最深的沉箱、最大的节点、最高的公寓、最快的电梯,使其获得多项大奖。它曾是世界第一个混合功能的高层建筑,其中包括办公、餐饮和世界第三高住宅。建筑呈现的对称美感也让它成为芝加哥最优美的建筑之一(图1-5)。

因芝加哥的大风天气,设计师和结构工程师考虑的主要因素就是如何最大限度地减少在大风作用下结构的晃动,使结构保持安全稳定。一个管状系统帮助建筑抵抗风雨和地震。最著名的立面上的交叉支撑为水平方向的晃动提供保护措施,同时还可以释放更多的室内空间,减少楼层内的隔墙。尽管交叉支撑体量巨大并微微阻挡了室内向室外观看的视线,但它已成为约翰·汉考克中心最具标志性的元素并具有结构功能。

图1-4 西格拉姆大厦

(来源:Mies R L, Zukowsky J, Dal C F. Mies reconsidered: his career, legacy, and disciples[M]. Chicago: Art Institute of Chicago, 1986.)

图1-5 约翰·汉考克中心

(来源:左图来自Mierop C, Binder G. Skyscrapers: higher and higher[M]. Paris: NORMA, 1995;右图为作者拍摄)

1.1.6 后现代主义时期(20世纪70年代至今)

20世纪70年代末,高层建筑的风格最丰富,其特征呈现多元化,反映出历史形式及符号的应用。建设的侧重点也从数量和高度的增加转化为质量的提高,城市规划尊重生态原则。高层建筑节能、使用和维护成本开始得到重视,并着力于内部环境质量的改善。

20世纪80年代初开始,随着环境观念和生态技术的变化,高层建筑设计朝人性化、智能化、生态化的方向发展。结构艺术风格、高技派以及生态型的高层设计,在多元化的建筑发展中日益引起关注。20世纪90年代以后,由于亚洲经济的崛起,日本、韩国、中国、新加坡和马来西亚等国家陆续建造了高度超过200 m、300 m、400 m的高层建筑,成为继美国之后新的高层建筑中心。芝加哥市区内摩天大楼之多,仅次于纽约,是美国摩天楼第二多的城市;但芝加哥的著名建筑不仅在市中心,其77个社区都有自己的地方标志,形成了独特的城市文化和天际线(图1-6、1-7)。

图1-6 芝加哥密歇根湖畔

(来源:作者拍摄)

1. 旧金山泛美金字塔(Transamerica Pyramid)

泛美金字塔(又译全美金字塔),2018年前为旧金山最高的摩天大楼,现在是美国旧金山第二高的摩天大楼和后现代主义建筑。大楼位于历史悠久的蒙哥马利区,建筑高度为260 m,共有48层,用途为商业和办公。大楼为四面金字塔造型(图1-8),由建筑师威廉·佩雷拉(William Pereira)设计,当时是一个创新的设计方案,成为旧金山天际线最重要的组成元素之一,大楼的东西两面是电梯井。建筑顶端有一个虚拟观景平台且覆盖以铝板。后来跨湾大厦(Salesforce Tower)总部大楼建成,塔楼高1 070英尺(约326 m),成了旧金山的第一高楼。

图1-7 芝加哥北区高层建筑

(来源:作者拍摄)

图1-8 旧金山泛美金字塔

(来源:作者拍摄)

2. 香港中银大厦

这座摩天大楼高 1 205 英尺（约 367 m），曾经是除美国以外的世界最高建筑。由美国建筑师贝聿铭（I. M. Pei）设计的塔楼具有独特的三维三角形形状（底部为四边形，顶部为三边形），根据贝聿铭的说法，这将"所有垂直应力转移到建筑的 4 个角，使其非常稳定和抗风"（这是台风威胁香港时的一个重要考虑因素）。内部楼层是不规则的，以点和角度结束，完全靠窗，有多个视图。这座 70 层的建筑顶部有两根电线杆，尽管这是一种纯粹的装饰，但其设计灵感源自竹子的"节节高升"，象征着力量、生机、茁壮和锐意进取的精神，糅合中国的传统建筑意念和现代的先进建筑科技，总建筑面积 12.9 万 m^2，地上 70 层。结构采用四角 12 层高的巨形钢柱支撑，室内无柱。大厦以玻璃幕墙及铝合金建成，由 4 个不同高度结晶体般的三角柱身组成，呈多面棱形（图 1-9）。

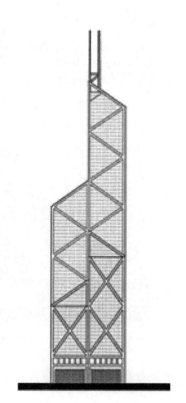

图 1-9 香港中银大厦

（来源：世界高层建筑与都市人居学会官网）

3. 芝加哥西尔斯大厦（Sears Tower）

西尔斯大厦建于 1972—1974 年，位于美国芝加哥，由 SOM 建筑设计事务所设计。

楼高442.3 m,地上共108层,钢结构,底部平面68.7 m×68.7 m,由9个22.9 m的正方形组成。大厦在1974年落成时曾一度是世界上最高的大楼(图1-10、1-11)。为解决像西尔斯大厦这样的高层建筑的关键性抗风结构问题,设计师提出了束筒结构体系的概念并付诸实践,大厦采用由钢框架构成的束筒结构体系。① 侧向刚度大,允许建筑物达到很高的高度。② 结构体系的模块可以在任意高度予以削弱,在减小横截面积的同时结构的整体性可以继续保持。故建筑立面布置相对灵活。③ 若干个筒体的并联,共同承担水平荷载,可以看成若干个框筒之间夹了些框架隔板。由于这种双向隔墙的加强作用,束筒结构的剪力滞后现象明显较框筒结构有很大改善。

图1-10　芝加哥西尔斯大厦

(来源:作者拍摄)

图1-11　西尔斯大厦(左一)与芝加哥天际线

(来源:作者拍摄)

大厦外形的特点是逐渐上收的,从下部的9个方筒,直到顶部只剩下相邻的两个方筒单元。所有的塔楼宽度相同,但高度不一。这样的设计既可减小风压,又取得外部造型的变化效果。整幢大厦被当作一个悬挑的束筒空间结构,离地面越远剪力越小,大厦顶部由风压引起的振动也明显减轻。西尔斯大厦的加强层在大厦沿高度方向发生收筒的楼层处,可见一圈深色装饰带。外观上看只是一种简单装饰,但从结构角度看,它的内部是用于结构加强的腰桁架。空间的收筒意味着刚度的突变,为抵抗风荷载和水平地震作用,必须用腰桁架进行刚度补强,以减小水平侧移。

4. 伦敦劳埃德大厦(Lloyd's Building)

大厦由建筑大师里查德·罗杰斯(Richard Rodgers)设计,建筑主楼布置在北面,地面以上12层,内有12部玻璃外壳的观景电梯,外部由两层钢化玻璃幕墙与不锈钢外装修构架组成。内部楼板均架在10.8 m×10 m的钢筋混凝土井字形格架上,由巨大的圆柱支撑,柱内为钢筋混凝土结构,外部以不锈钢皮贴面。建筑构件遵循一定的模数设计。主楼中部是开敞的中庭,四周有回廊,主要办公空间沿回廊布置。中庭上部是个拱形的玻璃天窗,从大厅地面到中庭顶部高达72 m。大厅内有两部交叉上下的自动扶梯,四周均为金属装修。大厦独特的建筑风格成为伦敦城区最引人注目的建筑,是高技派的代表作品之一(图1-12)。

图1-12 伦敦劳埃德大厦

(来源:伦敦劳埃德大厦官网)

5. 马来西亚国家石油公司双子塔（Petronas Twin Towers）

图 1-13 马来西亚国家石油公司双子塔

（来源：世界高层建筑与都市人居学会官网）

马来西亚国家石油公司双子塔是世界上最高的建筑之一。双子塔是马来西亚国家石油公司的总部所在地，由美国建筑师西萨·佩里（Cesar Pelli）设计，并于 1998 年完成。塔楼的平面图一致，即一个八瓣圆形结构，包含 88 层可用空间，上部为一个金字塔形的尖顶。两者的高度都达到 1 483 英尺（约 451.9 米），其中包括 242 英尺（约 73.6 米）的尖顶。每幢建筑的周边均由 16 根大柱支撑，这些柱子和框架的其余部分由高强度钢筋混凝土而非结构钢制成；外壳由不锈钢和玻璃组成。大厦又称云顶大厦、双子星，立面大致可分为五段，逐渐收缩，最上形成尖顶，近似于古代佛塔的原型。第 41～42 层之间设"空中天桥"连接两塔，加强了建筑的刚度（图 1-13）。

1996 年，在塔尖与建筑相连后，马来西亚国家石油公司双子塔被宣布为世界最高的建筑，超过了前纪录保持者，即芝加哥的 110 层西尔斯（现为威利斯）塔。但因塔的尖顶也被视为整体建筑结构的组成部分，2003 年，台北 101（台北金融中心）大楼顶部安装了一个塔尖，使之高度达到了 508 m，双子塔高度被超越。

6. 阿联酋迪拜塔（Burj Khalifa）

阿联酋迪拜塔（哈利法塔）是阿拉伯联合酋长国迪拜的混合用途摩天大楼，根据世界高层建筑与都市人居学会的高层建筑的 3 个主要评判标准，它是目前世界上最高的建筑。大厦在建造期间被称为迪拜塔，正式命名是为了纪念邻国阿布扎比酋长国领导人谢赫·哈利法·本·扎耶德·阿勒纳哈扬（Sheikh Khalifa Bin Zayed Al-Nahayan）。这座塔是为容纳各种商业、住宅和酒店企业而建造的，其预期高度在整个建造过程中一直严格保密，最终建成时为 163 层，高度为 2 717 英尺（约 828 m）。它由总部位于芝加哥的 SOM 建筑设计事务所设计，阿德里安·史密斯（Adrian Smith）担任建筑师，威廉·F. 贝克（William F. Baker）担任结构工程师。

这座建筑在平面图中采用了模块化设计，布局在一个三瓣的脚印上，这是对当地的萱草花的抽象描绘。Y 形平面在减少塔上的风力方面起着核心作用。六边形的中心核心结构由三座翼楼支撑,每个翼都有自己的混凝土核心和外围柱(图1-14)。随着塔的高度增加,翼楼呈螺旋状后退,改变了每层建筑的形状,从而减少了风对建筑的影响。顶部有一个塔尖,塔尖高达700英尺(约200 m)。塔尖在塔内建造,并使用液压泵提升至最终位置。在基础层,该塔由一个约13英尺(约4 m)厚的钢筋混凝土垫支撑,其本身由直径为5英尺(约1.5 m)的混凝土桩支撑。3层楼高的裙楼将塔楼固定在适当位置;裙楼和2层地下室的面积就达到了2 000 000平方英尺(约18.6万 m^2)。塔的外覆层由铝和不锈钢面板、垂直不锈钢管状散热片和28 000多块手工切割的玻璃面板组成。一个公共观景台位于建筑124层。

图1-14　阿联酋迪拜塔

(来源:世界高层建筑与都市人居学会官网)

1.2　高层建筑发展趋势及人居环境面临的挑战

1.2.1　21世纪高层建筑的发展趋势

在高层类型学的发展方面,尽管在过去一百多年的特定时期,高层建筑的建造出现了积极的态势(如19世纪后期的芝加哥和纽约的装饰艺术风格、二战后的西方城市重建和19世纪80—90年代的亚洲经济繁荣),大多数时期都聚焦在地理和时间尺度上,但是过去几十年左右的高层建筑建设热潮的地理分布以及正在建造的高层建筑的数量和高度与以前不同。纵观全球,高层建筑构思、资助和建造遍及全球,一些城市正在成为高层建筑的重要"热点"。

环境保护的意识和需求成为世界共识。因此,对建筑性能和影响的更高要求成为新的高层建筑项目的核心设计问题。南京金奥大厦(2014年)采用了双层幕墙,使建筑能够应对夏季城市的极端高温。两面墙之间的空腔通风到外部,并作为空调空间周围的隔热缓冲区。双层幕墙的好处包括改善了高压交流电系统性能，降低了运行成本，增加了居住者的舒适度。空腔内包含对角结构支撑，从底部到顶部包裹着塔。采用该系统后，大厦结构材料的使用减少了约20%，体现了可持续发展战略的特征。

在以多学科的方法开发项目的过程中，建筑师对建筑与自然之间的关系有了更深层次的认识。在密集的分析、计算和建模中，建筑师发现风荷载和地震力会影响最终的建筑形式。如天津周大福滨海中心的设计通过深入的结构载荷分析，柔和弯曲的玻璃立面隐藏了八条倾斜的柱子，它们成了沿着垂直形式的主要曲线。为了解决重力和横向荷载问题，这些倾斜的柱子增加了结构刚度，以应对地震问题；战略性地放置多层风孔，结合塔的空气动力学形状，极大地减少了风负荷。

近年来摩天大楼的一个新趋势是利用低碳和零碳源的现场能源发电。尽管将这些技术集成到高层建筑中仍处于试验阶段，但诸多的设计和一些已完成的项目利用了诸如增强型风力涡轮机、光伏电池、热电联产和三联产系统、燃料电池和地源热泵来降低整体能源消耗。

对于建筑师，建筑的性能和效率与美学形式或功能卓越同等重要。这些元素应能改善建筑环境。为了实现这一目标，高层建筑应采取一种全面、综合的设计方法，对所有学科给予同等考虑。这种方法需要在建筑环境和自然环境的更大背景下，全面理解每个建筑元素及其功能；更加了解环境背景以支持更健康的生活方式，并对地球不断变化的需求做出反应；考虑环境设计的高层建筑能充分发挥其场地的潜在价值，并产生自然、环保的能源。设计一座符合全球环境背景的高层建筑，首先要充分了解现有条件，如环境数据、与现有和未来发展的关系、支持场地开发的政策。对每一种特定条件做出响应的建筑都与其所在地形成不可分割的联系，并与环境共生。

1.2.2 高层建筑建造的必要性和可持续性

1. 功能上的变化

除了高度和地理位置的重大变化，高层建筑主要功能也有发生变化的趋势。在1980年84.7%的150 m以上的高层建筑主要包含办公功能，但到2008年底，这一比例下降至47.3%。在过去的20年中，住宅功能（从5.2%上升到35.3%）和混合用途功能（从5.2%上升到11.0%）发生了重大转变（图1-15）。部分原因可能是人们对高处生活的渴望日益增加，同时英美国家人们的居住理想从郊区重新回到了城市中心，在过去十年左右的时间里，市中心办公大楼改建为住宅，这也是西方城市日益增长的趋势。更多混合用途高楼的趋势可以解释为业主开发商希望在开发项目中更多地分散财务风险，以及希望通过更大的综合规划来丰富城市和建筑物。

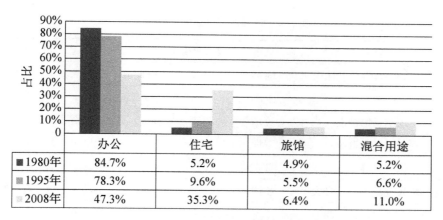

图 1-15 世界 150 m 以上高层建筑的主要功能

(来源:世界高层建筑与都市人居学会官网;作者整理改绘)

2. 结构材料的变化

目前世界建成的 10 座最高建筑物中,几乎都是采用复合材料的结构形式(图 1-16、表 1-1)。例如迪拜塔这一混合钢—混凝土主要结构系统的趋势仍将继续,它也简称钢混结构,是现代建筑的主要结构形式。大多数高层建筑的框架由钢或钢和混凝土制成。它们的框架由柱(垂直支撑构件)和梁(水平支撑构件)构成。交叉支撑或剪力墙可用于提供具有更大横向刚度的结构框架,以承受风应力,甚至更稳定的框架在建筑周边使用紧密间隔的柱,或者使用捆绑管系统,其中许多框架管捆绑在一起,形成非常刚性的柱。高层建筑由幕墙包围,这些是由玻璃、砖石或金属制成的非承重板,通过一系列垂直和水平构件(称为竖框和窗格条)固定在建筑框架上。钢筋承受拉力、混凝土承受压力,具有坚固、耐久、防火性能好和抗震性能好的特征。

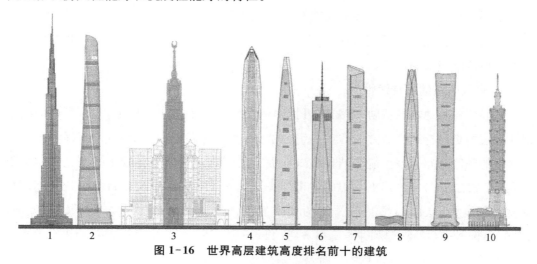

图 1-16 世界高层建筑高度排名前十的建筑

(来源:作者改绘)

表 1-1　世界高度排名前十的建筑

序号	建筑名称	城市	竣工年份	高度	材料
1	阿联酋迪拜塔（哈利法塔）	迪拜	2010	约 828 m	钢筋混凝土
2	上海中心大厦	上海	2015	约 632 m	混凝土—钢复合材料
3	麦加皇家钟楼	麦加	2012	约 601 m	钢筋混凝土
4	平安国际金融中心	深圳	2017	约 599 m	混凝土—钢复合材料
5	乐天世界大厦	首尔	2017	约 554 m	混凝土—钢复合材料
6	纽约世界贸易中心一号大楼	纽约	2014	约 541 m	混凝土—钢复合材料
7	广州周大福金融中心	广州	2016	约 530 m	合成材料
8	天津周大福金融中心	天津	2019	约 530 m	混凝土—钢复合材料
9	北京中信大厦	北京	2018	约 528 m	混凝土—钢复合材料
10	台北 101 大楼	台北	2004	约 508 m	合成材料

（资料来源：世界高层建筑与都市人居学会官网；作者整理）

3. 土地价格和城市地标

土地价格一直是高层建筑发展的重要驱动因素。因为许多城市，特别是在美国和英国等发达国家，寻求以住宅、娱乐、商业等为主要功能的中央商务区（Central Business District，CBD）来完善城市中心区。这些相对较新的区域正在帮助推高市中心的土地价格，这使得建造高层以获得高额投资回报变得越来越必要。

建造超高层建筑绝不仅是为了增加开发项目的商业回报。创造一个高耸于城市之上的建筑标志一直是世界第一高楼历史上的重要方面，但现在焦点已经改变，诸多高层建筑在全球范围内投射出城市的活力，创造具有国际品牌知名度的天际线。这种从企业到城市（甚至是政府）雄心的转变反映在世界最高建筑的名称上。从克莱斯勒大厦或西尔斯大厦等标志性建筑，到上海中心大厦或阿联酋迪拜塔，建筑本身承担着其在世界舞台上宣传这座城市的责任。

4. 高层建筑的可持续性

气候变化对地球的威胁，需要更可持续的生活方式来应对。更密集、更集中的城市被视为这种更可持续生活方式的重要组成部分，因为它们通过减少城市、交通和基础设施网络的郊区分布来减少能源消耗和碳排放。高层建筑是通过在较小的土地上容纳更多人（工作或生活）来创建更密集的城市的关键因素。对高层建筑项目的投资采用可持续设计和技术，从而引领其他类型的建筑发展。例如旧金山的跨湾大厦（Salesforce Tower），佩利-克拉克-佩利建筑师事务所（The Pelli Clarke Pelli Architects）重点关注可持续性、邻里发展和财务预算的可行性。塔的每一层都有集成的金属遮阳板，经过校准，以最大限度地提高光线和视野，同时减少太阳增益。高性能、低辐射率玻璃也将有助于减少建筑的冷却负荷。冷却部分可通过缠绕在塔基础周围的热交换盘管提供。塔和转运中心还包括综合水循环系统。此外，高效空气处理器可在每层吸入新鲜空气。

虽然可持续设计方法和技术已开始融入高层建筑，但要真正将高层建筑视为可持续建筑还任重道远。高层建筑材料的隐含能源（和碳排放），加上空调、照明和垂直运输的高运行能耗，意味着高层建筑必须缜密地思考如何减少能源消耗、如何产生更多能源。高空能量收集的潜力，即通过风能、太阳能和其他方式都不可否认。未来高层建筑的最低目标应该是净零能源消耗。零能耗建筑（Zero Emission Building，ZEB）也称为净零建筑。更好的目标是通过创造能源盈余来最终抵消建设（和破坏）过程中的能源和碳，实现真正的碳中和。

综上所述，在过去的一百多年里，高层建筑类型经历了各种范式转变，受到监管变化、技术和材料发展、建筑思维变化和经济问题的影响。战后幕墙立面的创新以及20世纪70年代的能源危机等发展都对当时高层建筑的设计和运营方式产生了影响。这些事件也对当时高层建筑中能源消耗的数量和方式产生了重大影响。在当今背景下，气候变化可以说是现代世界面临的最大挑战，众所周知，建筑环境的创造、运行和维护占全球温室气体排放量的50%以上。鉴于此，为了减少高层建筑的碳足迹，多国学者已经继续进行了大量的研究。当前我们回顾高层建筑的能耗特征并研究这些变化的方式和原因，可为未来高层建筑的建造提供指引。

参考文献

[1] Mies R L, Zukowsky J, Dal C F. Mies reconsidered：his career, legacy, and disciples [M]. Chicago：Art Institute of Chicago, 1986.

[2] Mierop C, Binder G. Skyscrapers：higher and higher[M]. Paris：NORMA, 1995.

[3] Binder G. 101 of the world's tallest buildings[M]. Mulgrave：Images, 1995.

[4] Wood A. Rethinking the skyscraper in the Ecological Age：design principles for a new high-rise vernacular [J]. International Journal of High-Rise Buildings, 2015, 4（2）：91-101.

[5] Wood A. Trends, drivers and challenges in tall buildings and urban habitat[C]//IABSE, The 17th Congress of IABSE. Chicago, 2008：1-8.

[6] Oldfield P, Trabucco D, Wood A. Five energy generations of tall buildings：an historical analysis of energy consumption in high-rise buildings[J]. Journal of Architecture, 2009, 14(5)：591-613.

［7］ Duncan S，Zhu Y. SOM and China：evolving skyscraper design amid rapid urban growth［J］. CTBUH Journal，2016，Ⅳ：12-18.

［8］ Cheung F. Designing holistic well-being in the age of Hybrid Working［J］. CTBUH Journal，2021，Ⅳ：36-43.

［9］ 刘建荣. 高层建筑设计与技术［M］. 2版. 北京：中国建筑工业出版社，2018.

［10］ 卓刚. 高层建筑设计［M］. 3版. 武汉：华中科技大学出版社，2020.

［11］ 侯兆铭. 高层建筑设计创新［M］. 北京：化学工业出版社，2018.

［12］ 马克. 高层建筑设计：以结构为建筑［M］. 刘栋，李兆凡，潘斌，译. 石永久，校. 北京：中国建筑工业出版社，2019.

［13］ Smith A，Gill G，Forest R. Global environmental contextualism［C］// The CTBUH，The CTBUH 2008 8th World Congress. Dubai，2008：1-11.

［14］ 卓刚. 高层建筑150年：高层建筑的起源、发展、分期、排名与发展趋势综述［J］. 建筑师，2011(1)：50-58.

第二章
高层建筑塔楼设计与技术要点

2.1 高层建筑塔楼及其标准层设计

随着城市化的发展及世界人口的不断增多,人们对现代办公的效率和环境的要求不断提高,高层建筑凭借其可缓解人多地少的压力,成为当今较普遍的一种建筑形式。在此背景下,建筑行业以及高层建筑的设计工作也取得较快的发展成效。从灵活使用和引入社区到结合亲自然设计和强调以人为本的设计,许多建筑师正在重新思考设计摩天大楼和高层建筑的方式。对于高层建筑平面而言,为了使效益得到较大化发挥,必须要对其进行科学合理的设计,使交通面积少且使用面积大,即最大化利用有限的面积;同时高层建筑的塔楼及标准层设计还影响着高层建筑体量及特性等其他重要方面。

2.1.1 高层建筑塔楼分类及设计要点

高层建筑的塔楼依据功能可分为单一功能的塔楼和组合功能的塔楼,例如办公、酒店、商业的复合,办公和酒店式公寓的复合,住宅与办公、商业的复合等。高层建筑的塔楼按竖向划分可分为塔楼顶部、塔楼中部、塔楼下部3个区域。塔楼的顶部常为公共活动场所,如观光层、旋转餐厅、游泳池等,有些还有停机坪。塔楼的中部常为功能层,包括办公、会议、酒店客房、公寓、住宅以及其内部的休憩空间。塔楼的下部有时与裙房相连,主要功能为商业、公共活动空间等,既包括展厅、多功能厅、餐厅、商场等,还包括与外部空间联系的入口大厅、接待及服务设施等。

高层建筑的塔楼设计旨在为使用人群创造最大可能的活动。建筑内的用途和便利设施应与周边地区的用途和便利设施相辅相成。公共和半公共空间应进行景观美化,以体现人性化的特征以及高效的交通,并留出足够的空间来体验该区域的日光和自然要素。对微气候的仔细分析,如阴影、雨影和风等进行建模,都应该是任何塔楼设计方案的基本先决条件。设计理念是将高效的规划与动态形式相结合,创造出功能优化和令人愉悦的建筑,并在视觉上也为当地的天际线增添了令人印象深刻的色彩,即重点处理好以下方面。

(1) 睦邻友好

高层建筑应与周围特征和其他邻近的高层建筑建立积极的关系并从中脱颖而出,建筑质量包括其规模、形式、体量、比例、轮廓和材料等。顶部设计会影响天际线、当地街景和城市空间。

(2) 高标准设计

塔楼设计要严格执行规范和标准,因为高层建筑有高知名度和当地影响力。理想情况下,设计应满足各项法规和规划政策设定的标准。因其建造成本很高,在采购、设计和施工过程中应保证质量。

(3) 尊重历史和文化

塔楼设计须解决其对远近历史建筑、遗址和景观的影响,尊重它们。开发项目应与街道层面的周围环境互动并做出积极贡献;应有助于安全、多样性、活力、社会参与和强烈的地域特征。

(4) 融入城市

正确评估高层建筑对当地小气候的影响,不应低估其阴影效应或夜间外观。高层建筑塔楼的设计要能创造改善可达性的机会,同时打开视野以提高更广泛城市景观的易读性。在内部和外部要创造一个精心设计的环境,有助于提高使用效率和建筑物中人的生活质量。

2.1.2 高层建筑标准层设计要求

1. 高层建筑标准层平面的尺寸与比例

标准层平面设计要满足功能使用的合理性,例如高层办公楼可选择以长方形为主,尽可能少地采用圆形、弧形等不利于装修且利用率也较低的形式。在场地条件可能的情况下,常以均好性较高的正方形较多。平面设计要根据具体情况分析,在标准层面积选取合理且满足使用要求的条件下,控制好长边与短边的比值,避免比值太大导致核心筒的辅助面积与交通面积过大而降低标准层的办公面积使用率且比例不利于室内布置。

2. 高层建筑标准层的平面交通设计

高层建筑核心筒部分服务的是连接层与层的垂直交通流线;而标准层的公共走廊服务的是楼层内的水平交通流线,两者共同组成高层建筑中的重要交通流线系统。核心筒的安排方式以及位置的确定对水平公共走廊的布置也有影响。公共走廊可分为线性、环形等,适合不同类型的高层建筑形式,面积较大时也可考虑采取综合布局的方式。

3. 高层建筑标准层的房间和走道设计

标准层层高的选取对建筑的高度、造价、防火设计、楼宇智能化能达到的程度都有很大影响。不同使用功能房间要求的净高度不同、不同荷载要求的结构层高度不同、不同楼宇智能化要求的设备层高度不同,但占主导的还是房间的净高度以及结构梁的高度。房间净高度的选取是根据房间使用者心理和生理上的要求来确定的,其最小值的选取在相关规范中均有明确的规定。净高不能过高,否则照明与空调的耗能量会增加,造价不经济,而净高过低会给人压抑感,不利于心理健康。

4. 高层建筑标准层的空间构成模式

核心体和使用空间的相互关系以及核心体的布局模式、中庭空间的引入等,丰富了高层建筑空间的多样性。标准层空间构成的发展趋势更为灵活与多变,且更加注重景观空间的引入与利用。同时景观空间得到重视,将功能空间与娱乐共享空间结合,把核心筒空间分散在建筑四周,甚至将垂直交通系统采用对外的观光电梯,直接采光且能更好欣赏建筑外部景色。标准层室内空间的舒适性、丰富性等都是使用者关注的重点。因此,设计师需要更多从使用者的角度来分析问题并提高品质。景观办公空间更加注重景观的开放性,通过人工手段或借助自然景观来改善人们工作的空间,使得办公空间更富有多样性和活力。

5. 复合功能塔楼部分的转换模式

因高层建筑有不同的功能且服务于不同的人群,客流具有多样性的特点,同时建筑中具有多种使用功能,因此保证其内部使用人员的交通流向互相独立、不受相互之间的干扰非常重要。为应对复合功能高层建筑的多样化、复杂化的客流,避免人员干扰,提高交通运输效率,在内部客流交通组织上,不同使用功能的客流一般都有独立的运输通道。除了入口大堂、公用服务设施以及必要的消防疏散之外,不同的功能空间之间互补连通,既共享资源便利联系又相对独立互不干扰。当高层建筑的楼层与入口层相距较大时,常采用换乘电梯转换模式。例如先利用换乘电梯把建筑入口层的客人运送到酒店的空中大堂,再换乘连接空中大堂与酒店客房的直达电梯。穿梭转换模式也分向上转换与向下转换两种模式,当酒店空中大堂设于建筑中部、客房位于酒店空中大堂上部时,采用向上转换模式。

2.2 高层建筑塔楼标准层平面形式

2.2.1 一般标准层平面形式

一般标准层平面主要有基本形平面、基本形组合式平面。

1. 基本形平面

基本形平面即平面为矩形、三角形、梯形、规则对称多边形及任意多边形。

香港合和中心大厦(Hopewell Centre)的标准层呈圆形(图 2-1),是香港首幢用滑模技术兴建的大厦,顶楼设有旋转餐厅和酒楼,底层设有商场及停车场等,曾经是亚洲及香港最高的建筑物,亦标志着香港商业区东移,后被中银大厦所取代。合和中心大厦包括 2 个内筒墙和 1 个外筒墙:第 1 个内筒墙内是电梯通道,内筒墙之间作洗手间、储物室及管理通道用;第 2 个内筒墙和外筒墙之间是写字楼和商场。

比兹堡钢铁总公司大厦,又叫美国钢铁大厦(U.S. Steel Tower)(图 2-2),是匹兹堡最高的建筑,也是当地的标志性建筑。这座建筑由钢制成,高 256 m。它于 1970 年建成,标准层为三角形(切角),建筑的墙壁上覆盖着美国钢铁公司生产的黄褐色钢板。

阿联酋迪拜塔(图 2-3)共 163 层,标准层平面为倒 Y 形,迪拜塔的总高度达到了 828 m,是世界最高楼。迪拜塔位于阿拉伯联合酋长国的境内,于 2010 年竣工,正式被命名为"哈利法塔"。37 层以下是 1 家酒店,45～108 层则作为公寓,78 层有世界最高的游泳池,158 层有世界最高的清真寺。

图 2-1　香港合和中心大厦　　图 2-2　比兹堡钢铁总公司大厦　　图 2-3　阿联酋迪拜塔

(来源:作者整理改绘)

上海金茂大厦的平面构图(图 2-4)是双轴对称的正方形,立面构图是 13 个内分塔节,由下而上、四角内收。从平面正方形对角线上看,构成两个最佳的视角。外形设计以 8 为模数的设计原则,建筑外墙分段也是以 8 为模数,中国传统上认为,"8"这个数字吉祥;最底端是 16 层,每往上一分段减掉其中的 1/8,则下一分段变为 14 层、12 层、10 层、8 层,以后每分段递减一层。建筑风格是"中国化的装饰派艺术",充分体现了中国传统文化与现代高科技相融合的特点,既是中国古老塔式建筑的延伸和发展,又是海派建筑风格在浦东的再现。江门电视中心(图 2-5)采用了椭圆这一基本几何形体、交通核分置于两侧的典型平面。

第二章　高层建筑塔楼设计与技术要点

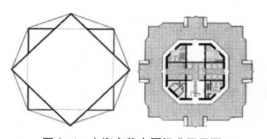

图 2-4　上海金茂大厦标准层平面

（来源：作者改绘）

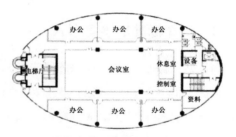

图 2-5　江门电视中心

（来源：何锦超，孙礼军. 高层建筑标准层平面设计 100 例[M]. 北京：中国建筑工业出版社，2005.）

曲线的几何平面由基本的几何图形与组合几何图形通过发展与演变形成。布置的功能平面常呈内凹弧形、外凸弧形、组合式等。有时，平面轮廓常是圆弧线与直线、折线相结合。从澳大利亚双塔大厦首层平面图中可以看出，弧形标准层平面在设计时可以采用自由灵活的形式进行组合（图 2-6）。

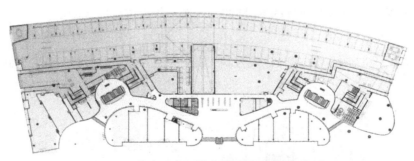

图 2-6　澳大利亚双塔大厦首层平面图（局部）

（来源：作者改绘）

2. 基本形组合式平面

组合形平面以若干方形、圆形、矩形等功能平面以双向对称、衍生方式等进行拼接，有时放射形平面通过延伸和扩展可形成新形式。核心体在中心或在外侧对称分布。深圳能源总部的平面（图 2-7）采用组合的平面形式，联系了两个不同高度的塔楼。

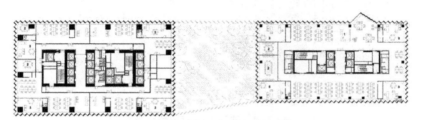

图 2-7　深圳能源总部 19 层平面图

（来源：作者改绘）

2.2.2 特殊标准层平面形式

高层建筑除了一般标准层的基本形式,还在一般标准层基本形式上演变出了特殊标准层形式,即通过对基本形的渐变、扭曲、切割、拉伸、挤压等平面构成手段产生复杂平面形状。这些特殊的形式丰富了高层建筑的造型和环境,但对建筑面积和进深的不同要求也引起结构偏心和管线偏移的问题,导致塔楼结构、构造及管线较难处理,层高和造价相应增加,因此在实际工程中,一般形式的标准层比较多见。常见的特殊标准层形式有分段式、扭曲式、渐变式。

1. 分段式

分段式是指标准层在垂直方向有不同的形式构成,即根据高层建筑的造型需要,可能是垂直方向不同的功能组合,如高层建筑中办公区和客房区的组合叠加,表现出不同的外部形式。

SOM建筑设计事务所设计的64层的韩国对角线大厦(Diagonal Tower)(图2-8)位于韩国首尔市中心发展中的国际商务区,体现了一种现代化的结构表现主义。从大厦必须符合结构和能源效率规定到降低施工成本,SOM努力将这些方面都整合到了整体外

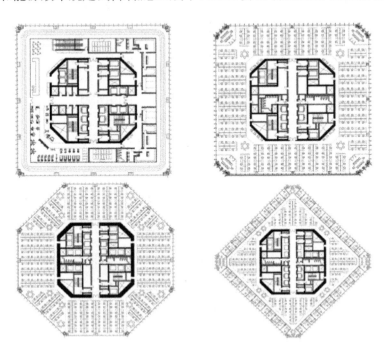

图2-8 韩国首尔对角线大厦

(来源:http://archgo.com/)

观的美感之中。大楼高达 343 m，对角线形的巨大框架有点类似于诺曼·福斯特（Norman Foster）在纽约设计的赫斯特大厦（Hearst Tower），与传统框架结构建筑相比，能减少超过 25% 的所需钢框架总量。此外，这种非线性的垂直表面还缓解了风荷载和漩涡，主要结构支撑为建筑角落的四根墩柱，室内大堂与中庭开阔。

常州现代传媒中心位于新开发区，其设计灵感来源于本市著名的古建筑天宁寺，天宁寺拥有千年的历史。建筑低层部分是办公区域，高层部分是酒店，顶部为豪华套间和观景台。建筑还有其他功能，包括电台、电视台、商场等。标准层平面下部较大，在顶部收进，建筑造型被设计成宝塔形，由此也形成另一特征：没有更多的"主"立面和"侧"立面，建筑的外立面形成竖向上的分段，并形成一定的韵律（图 2-9）。

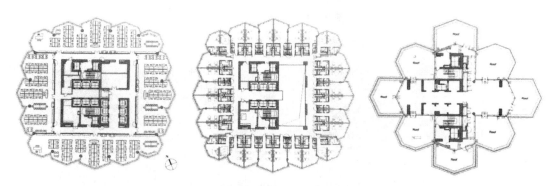

图 2-9　常州现代传媒中心分段型标准层平面

（来源：作者改绘）

2. 扭曲式

扭曲式标准层是指随着高度的增加，每块楼板按一定的规格设计，形状相似，并与地板下的共享轴连通，使得旋转度数保持一致，其楼层或外墙呈现逐渐旋转的高层建筑物。上海中心大厦、莫斯科进化大厦（Evolution Tower）、沙特阿拉伯的钻石大厦（Diamond Tower）、加拿大梦露大厦（The Absolute Tower）等都属于扭曲式标准层平面。

加拿大梦露大厦在不同高度进行着不同角度的逆转来对应不同高度的景观文脉。连续的水平阳台环绕整栋建筑，传统高层建筑中用来强调高度的垂直线条被取消，而是表达出一种更高层次的复杂性，更多元地接近当代社会和生活的多样化。设计师希望可以唤醒城市里的人对自然的憧憬，感受阳光和风对人们生活的影响。由于标志性和奇特的形体以及优美的曲线，该建筑被称作"梦露大厦"（图 2-10）。

丽泽 SOHO 大楼坐落北京丽泽金融商务区，是融合办公及商业功能的综合体，由扎哈·哈迪德建筑事务所设计。与梦露大厦对比，两者的平面形式很相像，都是椭圆形，并且都是通过逐层旋转来完成形态构成。丽泽 SOHO 大楼的设计将双螺旋结构体现在了

高层建筑设计与绿色低碳技术

图 2-10　加拿大梦露大厦

（来源：作者改绘）

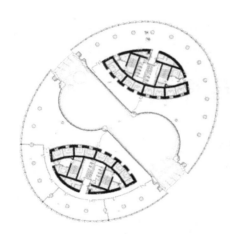

图 2-11　丽泽 SOHO 大楼

（来源：作者改绘）

内界面中，而梦露大厦体现在外界面上。建筑由 2 个反对称复杂双塔借助跨度 9～35 m 的弧形钢连桥连接组成，异形中庭变曲率上升高度达 200 m，为世界之最（图 2-11）。

3. 渐变式

渐变式标准层叠加的塔楼有强烈的韵律感，并在垂直方向的空间形成张力。一般情况下，渐变式标准层面积总是从下往上逐渐形成变小或等面积扭转。这是常用的一种设计手法。

平安国际金融中心（图 2-12）目前是深圳最高的建筑，高度为 592.5 m，是我国第 2 高的建筑，是为平安保险公司总部打造的摩天大楼。考虑到当地的气候环境，建筑的锥形立面被赋予了良好的抗风性，使风力负荷降低了 40%，由不锈钢支柱组成的保护网则能够有效地抵御雷击。平安国际金融中心平面布置形式主要由外部造型决定,其核心筒整体构型大致保持不变,变化的是外部围护结构的造型,内部空间与外部造型形成完美的契合。

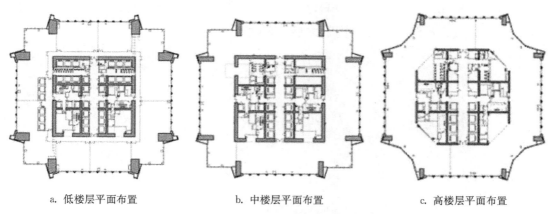

a. 低楼层平面布置　　　　b. 中楼层平面布置　　　　c. 高楼层平面布置

图 2-12 平安国际金融中心平面布置

(来源:https://www.architectmagazine.com,作者改绘)

北京日出东方凯宾斯基酒店设计更加依赖建筑学理论,探索特有的活力与动态。这座 91 米的大楼设计灵感来自中国传统哲学中的"天人合一"的思想:建筑的圆形轮廓象征着一轮冉冉升起的太阳,在中国文化中寓意着朝气、希望和力量,标准层平面采用了渐变式,外立面等间距分布着 20 条龙骨,代表着合作和机遇(图 2-13)。

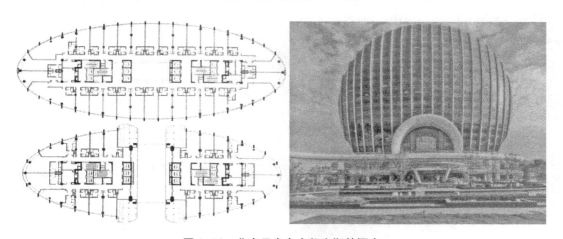

图 2-13 北京日出东方凯宾斯基酒店

(来源:作者改绘)

瑞士再保险总部大楼(Swiss Re Building),位于伦敦市金融城的中心地带,不远处就是里查德·罗杰斯设计的劳埃德大厦;再保险总部大楼独特的外形成为伦敦的地标建筑。它的建造是对伦敦市区城市景观组合的一种冲击和大胆尝试,重新诠释了城市战略性远眺景观的规划,促成了一个由大厦和周围的商店、咖啡厅、餐馆等一系列错落不一的建筑相协调的极具活力的景观。大楼采用圆形周边放射平面,外形像一颗子弹形成渐变形式建筑外观,比同样面积的矩形塔楼更加纤细(图2-14)。每层的直径随大厦的曲度而改变,形成了直径不同的标准层平面,之后续渐收窄。

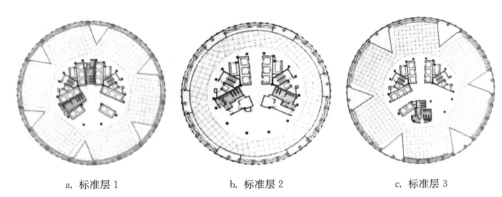

a. 标准层1　　　　　　b. 标准层2　　　　　　c. 标准层3

图2-14　瑞士再保险总部大楼标准层平面

(来源:作者改绘)

阿联酋迪拜塔(哈利法塔)的塔楼平面为Y形,顶部逐渐收缩,3个支翼是由花瓣演化而成,中央六边形的核心筒由花茎演化而来,支翼互相联结支撑——这4组结构体自立而又互相支持,拥有严谨缜密的几何形态(图2-15),增强了塔楼的抗扭性,大大减小了风力的影响,且保持了结构的简洁。

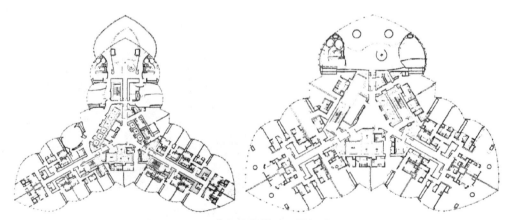

图2-15　阿联酋迪拜塔不同的标准层平面

(来源:作者改绘)

上海环球金融中心由美国KPF建筑设计事务所设计,其标准层设计也采用了渐变的形式。它的塔楼是1个正方形柱体,由2个巨型拱形斜面逐渐向上缩窄于顶端交会而成,方形的棱柱与大弧线相互交错,凸显出大楼的垂直高度,形成有规律的韵律感。为减轻风阻，建筑物的顶端设有一个巨型的倒梯形风洞开口。

2.3 高层建筑核心体设计要点及竖向分区设计

高层建筑核心体的功能较多，是高层建筑结构的重要组成部分，业界称的核心筒是结构概念，强调了核心体的（筒体）结构作用；核心体同时是高层建筑重要的功能空间（如开水间、垃圾间、卫生间等公共服务空间）以及交通（电梯厅、电梯间、楼梯间）、水、电、通信、空调等设施集中之处。核心体楼集中程度可分为集中式和分散式，按位置可分为中心式和偏置式（表2-1）。

表2-1 高层建筑核心体的分类

分类标准	核心筒类型		特征	备注	典型案例
按核心体集中程度分类	集中式		核心体集中位于建筑物中央位置	功能空间、结构体系较好	广州国际贸易中心大厦
	分散式		核心体分散布置在建筑物周边区域	有利于形成内部大空间	广州天河京光广场
按核心体位置分类	中心式		南北向柱网的进深10～15 m为常用尺寸，20～25 m适用于有大空间的情况	楼面面积较大时，多采用这种结构体系	广州宜安广场
	偏置式		使用面积较大时，必须在核心筒以外设安全疏散设施、设备管道等	一般在标准层面积不太大时使用	广东韶关电力调度大楼

资料来源：何锦超，孙礼军. 高层建筑标准层平面设计100例[M]. 北京：中国建筑工业出版社，2005.
中国建筑学会. 建筑设计资料集：第3分册[M]. 3版. 北京：中国建筑工业出版社，2017.

核心体一般位于建筑塔楼的中央部分,由电梯井道、楼梯、通风井、电缆井、公共卫生间、部分设备间围合形成中央核心筒,与外围框架形成一个外框内筒结构,常以钢筋混凝土浇筑。这种结构有利于结构受力而且可争取宽敞的使用空间,使辅助性空间向平面中央集中,让主要功能空间占据最佳采光位置,并达到视线良好、内部交通便捷的效果。

2.3.1 核心体的功能和分类

超高层城市办公综合体塔楼核心体功能包括以下几部分:
① 结构功能,承受荷载、抗震等;
② 垂直交通组织功能,如电梯系统、楼梯系统等;
③ 主要机电管井及房间设置,如强弱电机房、水管井、厨房烟道;
④ 发电机烟道、卫生间排风井、走廊排烟井等;
⑤ 后勤辅助区域,如卫生间、茶水间、储藏室等。

在高层建筑设计中,为争取尽量宽敞的使用空间,希望将电梯、楼梯、设备用房及卫生间、茶水间等服务用房向平面的中央集中,使功能空间占据最佳的采光位置,力求视线良好、交通便捷。因为垂直交通和管井等集中布置、竖向贯通,并与相应结构形式构成坚强的"核心",用以抵抗巨大的风和地震侧移,这部分通常称为"核体",它决定着高层建筑的空间构成模式。以深圳平安国际金融中心为例,为解决超大容量的办公人员和前去观光台的游客问题,KPF建筑设计事务所将该塔楼的垂直交通设施与深圳地下地铁站(及未来高铁站)直接相连,在3层高主大堂与2个办公空中大堂之间运送乘客。办公双层穿梭电梯和区间电梯采用目的站调度控制及智能十字转门以降低停靠站,提高电梯运载力以减少等候时间。观光穿梭电梯采用减压技术在确保乘客舒适度的同时,实现稳定高速运行。标准层平面包括了设备用房、卫生间、茶水间、垃圾间;疏散楼梯;电梯(包括普通电梯、消防电梯、设备电梯、穿梭电梯等方便使用和转换)。

从芝加哥中心康复研究所平面图中看出,楼内电梯和辅助用房置于中部,将采光较好的房间布置在外侧,水平方向的疏散路线能快速到达疏散楼梯,并能从一层的出入口快速疏散(图2-16)。

在结构方面,随着筒体结构概念的出现、建筑高度的增加,需要刚度更强的筒来承受剪力和抗扭,这与建筑师的要求不谋而合。在建筑的中央部分,利用那些功能较为固定的服务用房的围护结构,形成中央核心筒,而筒体处于几何位置中心,可使建筑的质量重心、刚度中心和型体核心3心重合,更加有利于结构受力和抗震。该模式以其结构合理、使用方便和造价相对低廉的优势,成为高层建筑中最为常见的空间布局形式。当然除此之外,高层建筑还有其他的布局方式,如通过在多个层次上连接多个塔楼,并在那里设置

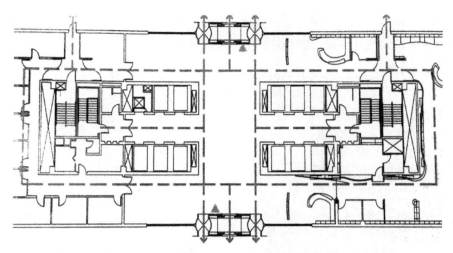

图 2-16　芝加哥中心康复研究所平面图中垂直交通和水平疏散路线

(来源：作者拍摄于展示图并改绘)

各种公共功能，连体塔内的社会互动性可以显著增强。由于相连楼层的楼面面积可能是个别大厦楼面面积的数倍，因此可建造个别楼面面积有限的高层大厦所没有的水平循环式大型公用空间。这种总体配置能更好地解决独立塔式高层建筑综合开发的设计局限性。

"壳体"通常可在其中从事日常的办公、居住、娱乐、休息等活动，是可供人们使用的空间，占有标准层的最大面积，例如高层办公楼的办公空间、高层酒店的客房、高层商住楼的居住空间等均属于该范畴，即是主要的功能使用空间；"核体"主要为交通空间。

就以上两者的相对布局与组合关系而言，高层建筑标准层有集中式、分散式和综合式3种主要形式。

1. 集中式

集中式从使用功能出发，要求标准层的使用空间有良好的采光、交通流线和工作与居住相适应的空间划分，它是将"核心体"部分集中在标准层中独立成区(图2-17、图2-19)，它与使用部分的关系又分为中心式、偏心集中式(图2-18)、对称集中式(图2-20)、独立集中式等。①中心式布局整体上最均衡，适合不同面积大小、平面形状、纵横比例的标准层。②偏心集中式指将核体部分布置在标准层的一端，形成偏心式布置，对核心体部分的交通或辅助用房可争取到一定采光面。法兰克福商业银行标准层设计，有"生态之塔""带有空中花园能量搅拌器"之称。49层高的塔楼采用弧线围成的三角形平面，3个核体(由电梯间和卫生间组成)构成的3个巨型柱布置在3个角上，巨型柱之间架设空腹拱梁，形成3条无柱办公空间，其间围合出三角形中庭。③对称集中式指将核体至于标准层平面中部，两端布置有效使用空间、构成左右对称的功能布局，特点是核心体不影响房间采光,横向刚度好,交通方便。④独立集中式指将核体部分置于标准层平面的外侧,构成高层建筑附贴式独立体量,使有效使用空间更加灵活、完整,有利于交通、防火与疏散,对形体变化也有利。

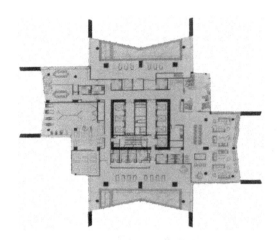

图 2-17 墨尔本 108 大厦平面

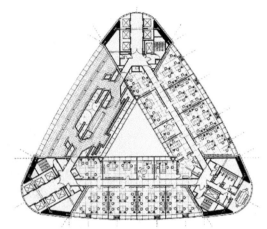

图 2-18 法兰克福商业银行平面

(来源:Binder G. 101 of the world's tallest buildings[M]. Mulgrave: Images, 1995.)

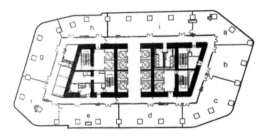

图 2-19 南京青年活动中心平面

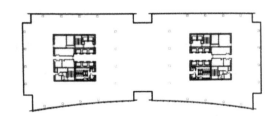

图 2-20 上海金虹桥国际中心平面

(来源:作者拍摄改绘)

2. 分散式

分散式又可分为对称分散式、自由分散式(图2-21)和独立分散式。①对称分散式指在集中式的基础上,将核心体演变成2个或者4个(两端或者四角布置)的对称分散形式。②自由分散式指根据标准层平面形式与功能组合需要,在保证结构合理性的前提下,灵活、自由地布局。③独立分散式:指为使建筑内部功能更为灵活和建筑形体塑造更为自由,将核心体独立分散布局并结合高层建筑的外部造型综合设计。

3. 综合式

综合式有时以某种布局为主而兼具其他布局特征,有时将2～3种方式融合。南京

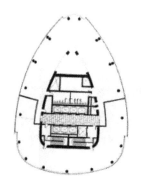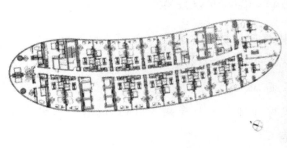

图 2-21　长沙北辰新河三角洲标准层平面及透视

（来源：世界高层建筑与都市人居学会（CTBUH），中国高层建筑国际交流委员会（CITAB）.中国最佳高层建筑：2016 年度中国摩天大楼总览[M].上海：同济大学出版社，2016.）

河西金鹰世界将 3 座塔楼相互连接在一起（图 2-22），在地震力的作用下发生扭转，需要设计和施工时精确把握联接体的力学特点，从而获得相对合理的结构体系，从平面力系到空间力系的研究有其进步的重要意义，在 44～48 层的空中，由空中连廊将 3 栋塔楼串联，并通过裙楼的空中花园相连，多联体塔楼堪称世界之最。

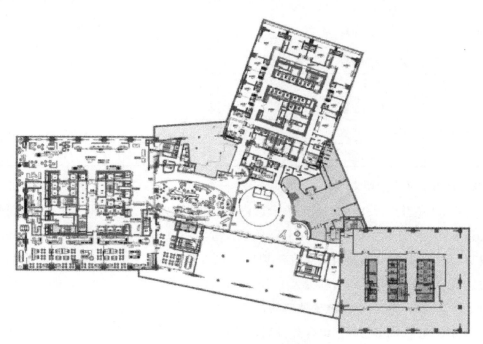

图 2-22　南京河西金鹰世界平面

（来源：作者改绘）

2.3.2 高层建筑塔楼电梯设计策略

1. 高层建筑电梯厅的布置方式

高层建筑电梯厅的组织方式决定了核心筒的平面交通形式,同时也影响着机电设备的布局。从平面上看,电梯厅的布置方式有"一"字式、"T"字式、"十"字式、"井"字式、"Y"字式及组合式等几种。按电梯井的排布方式,可以分为单排、双排、多排等(图2-23),具体要求见表2-2。

表2-2 电梯的布置方式及要求

电梯类别	布置方式	候梯厅深度	备注
住宅电梯	单台	≥B,且≥1.5 m	B 为轿厢深度,B_{max} 为最大轿厢深度;货梯候梯厅深度同单台住宅电梯;本表摘自《住宅设计规范》(GB 50096—2011)、《民用建筑设计统一标准》(GB 50352—2019)和《无障碍设计规范》(GB 50763—2012)
住宅电梯		老年人居住建筑≥1.6 m	
住宅电梯	多台单侧布置	≥B_{max},且≥1.8 m	
住宅电梯	多台双排布置	≥相对电梯 B_{max} 之和,且<3.5 m	
一般用途电梯	单台	≥1.5B,且≥1.8 m	
一般用途电梯	多台单侧布置	≥1.5B_{max},且≥2.0 m 当电梯群为4台时应≥2.4 m	
一般用途电梯	多台双排布置	≥相对电梯 B_{max} 之和,且<4.5 m	
病房电梯	单台	≥1.5B	
病房电梯	多台单侧布置	≥1.5B_{max}	
病房电梯	多台双排布置	≥相对电梯 B_{max} 之和	
无障碍电梯	多台或单台	≥1.5 m	

2. 消防电梯设置要求

消防电梯应分别设置在不同防火分区内,且每个防火分区不应少于1台,相邻两个防火分区可共用1台消防电梯。下列建筑应设置消防电梯:①建筑高度大于33 m的住宅建筑;②一类高层公共建筑和建筑高度大于32 m的二类高层公共建筑;③设置消防电梯的建筑的地下或半地下室,埋深大于10 m且总建筑面积大于3 000 m² 的其他地下或半地下建筑(室)。符合消防电梯要求的客梯或货梯可兼作消防电梯。

消防电梯井、机房与相邻电梯井、机房之间应设置耐火极限不低于2.00 h的防火隔墙,隔墙上的门应采用甲级防火门。消防电梯的井底应设置排水设施,排水井的容量不应小于2 m³,排水泵的排水量不应小于10 L/s。消防电梯间前室的门口宜设置挡水设施。

消防电梯应符合下列规定:①应能每层停靠;②电梯载重量不应小于800 kg;③电梯

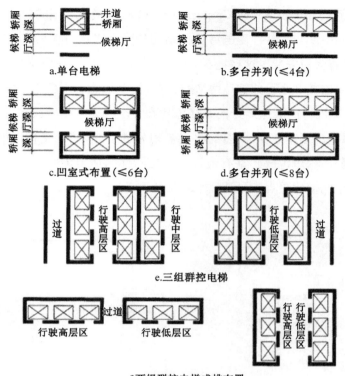

图 2-23 电梯的布置方式示意

(来源:中国建筑学会.建筑设计资料集:第3分册[M].3版.北京:中国建筑工业出版社,2017.)

从首层至顶层的运行时间不宜大于 60 s;④电梯的动力与控制电缆、电线、控制面板应采取防水措施;⑤在首层的消防电梯入口处应设置供消防队员专用的操作按钮;⑥电梯轿厢的内部装修应采用不燃材料;⑦电梯轿厢内部应设置专用消防对讲电话。

3. 塔楼标准层交通组织及案例研究

内廊式的交通组织方式,基本依靠芯筒内部走道,包括"一"字式及"十"字式两种,常用于大空间办公楼层,得房率相对较高。环廊式的交通组织方式,主要依靠核心筒外圈走道,芯筒内部没有连通的走道,标准层得房率相对较低。为了提高得房率,应尽量避免在标准层将核心筒平面设计为环形走道的形式。标准层走道成"Y"字形发散式,核心筒中间围合区域可根据芯筒大小排列电梯,电梯厅之间相互连通且又相对独立。

高层建筑塔楼核心筒的设计形式多样。矩形核心筒一般采用"一"字平行式电梯厅组织形式;方形核心筒在高度 400 m 以下的建筑中较多采用"一"字平行式或"T"字式电梯厅组织形式;高度 400 m 以上的建筑中较多采用"十"字及"井"字电梯厅组织形式以解决电梯厅需求大的问题;三角形及"Y"形核心筒可采用"Y"字及"一"字组合型电梯厅组织形式等。

森大厦集团（Mori Building Corporation）和日本奥的斯电梯公司（Nippon Otis Elevator Company）发明了一种受电弓连接结构的联合专利，这是世界上第一个此类结构。六本木新城森大厦安装了这些电梯，即"超级双层电梯"，在电梯部分安装了一个受电弓接头，该接头连接 2 个可伸缩达两米的客车，使电梯能够服务于不同高度的楼层（图 2-24）。香港汇丰银行的高速运行的大楼电梯在 5 个办公区域间接送员工，而每个区域内部还配有一系列的自动扶梯，所有的楼层被划分成了 5 个"社交村"，由 5 个可以在外部看到的桁架隔开，这里也成了富有戏剧性和交际性的休闲场所。楼梯、电梯分布在两侧，使内部办公空间使用更自由灵活（图 2-25）。

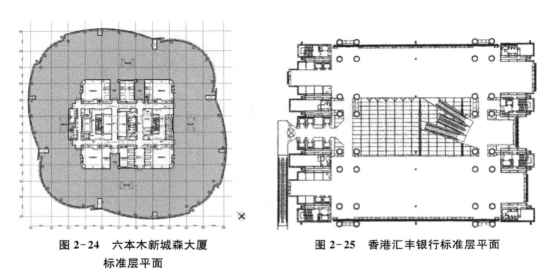

图 2-24　六本木新城森大厦标准层平面　　　　图 2-25　香港汇丰银行标准层平面

（来源：Binder G. 101 of the world's tallest buildings[M]. Mulgrave：Images，1995.）

2.3.3　塔楼电梯类型及配置

电梯的组织方式与计算当量关乎其实际运行效率，同时影响着核心筒的规模和得房率，因此合理选择电梯的组织方式在超高层建筑项目设计初期尤为重要。超高层建筑中的电梯竖向交通组织包括直达和转换 2 种主要方式。

1. 直达电梯系统

直达电梯系统包括单层轿厢直达和双层轿厢直达 2 种形式。单层轿厢直达系统是将电梯分为几组，各自分担不同区间的垂直运输。根据标准层平面规模，每组电梯 4~8 台（图 2-26），分担 8~15 层，均设置在出发层，几组电梯厅并列，路线简明流畅。

双层轿厢直达是在同一梯井内安装上、下两层重叠在一起的双层轿厢，分奇数、偶数层使用，使每次运行具有大于一台电梯的运载力。其优点在于提高井道的运载能力，节省了核心筒的面积;缺点是双层轿厢上、下停层会互相干扰,并不能成倍提高运行效率,所以目前双层轿厢大多用于穿梭电梯。

2. 转换电梯系统

随着建筑高度的增加,电梯数量和分区也会相应增加,如果一味地增加电梯井道将导致核心筒面积无限增大、电梯使用效率降低。"穿梭+层间"电梯组织方式可以有效提高电梯使用率,即在建筑的上部设一个或几个空中大堂,乘客从首层搭乘穿梭电梯至空中大堂,再从该层电梯厅换乘层间电梯到达目的楼层。

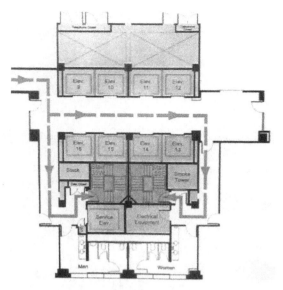

图 2-26 美国伊利诺伊理工学院北校区大楼标准层疏散
(来源:作者改绘)

电梯竖向转换方式包括以下几种:"单层穿梭+单层层间"的转换方式,即穿梭电梯和层间电梯均为单轿厢电梯,出发层和空中转换层均为单层大堂;"双层穿梭+单层层间"的转换方式,即穿梭电梯为双轿厢电梯,层间电梯为单轿厢电梯,出发层和空中转换大堂均需两层,供上、下轿厢分别换乘区间电梯;"双层穿梭+双层层间"的转换方式,即穿梭电梯和转换层间电梯均为双轿厢电梯,出发层和空中转换大堂均为两层,供上、下轿厢分别换乘不同区间电梯。

电梯分区的目的在于提高电梯的运行效率,尽量减小芯筒面积。一般甲级办公楼对电梯运行效率的要求是:平均间隔时间<30 s,5 min 输送效率≥10%,到达时间≤100~120 s。基于此,一般每 8~15 层为一个分区,当分区数量≤4 时,可以采用 4 组直达电梯组织方式;当分区数量≥4 时,可考虑采用"穿梭+层间"电梯的转换方式组织竖向交通。

电梯分区包括单区电梯系统和多区电梯系统以及区中区系统。区中区系统是指在摩天楼中部设置高空大厅,供使用者换乘电梯,避免电梯过高运行。例如深圳平安国际金融中心和上海白玉兰广场都采用了超高层普遍采用的分区停靠和高低层的电梯形式,大大疏解了超高层电梯资源浪费的问题,节约了到达不同楼层人员的时间,尽可能提升交通的通行效率(图 2-27、2-28)。

3. 电梯数量的估算

(1)电梯数量的估算标准

一般情况下,办公楼电梯数量按表 2-3 标准进行估算;酒店电梯一般按每台梯服务 50~80 间客房估算;公寓电梯一般按每台梯服务 80~100 户估算。

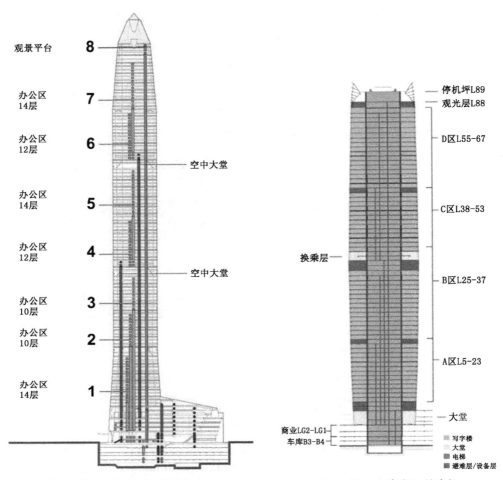

图 2-27 深圳平安国际金融中心　　图 2-28 上海白玉兰广场

（来源：作者改绘）

表 2-3　办公电梯数量配置表

建筑类别	标准			常用载重量/kg	常用速度/(m·s⁻¹)
	常用级	舒适级	豪华级		
按建筑面积	5 000 m²/台	4 000 m²/台	<4 000 m²/台	1 150	2.50
按办公有效使用面积	2 500 m²/台	2 000 m²/台	<2 000 m²/台	1 350	3.00
				1 600	4.00
按人数	300 人/台	250 人/台	<250 人/台	1 800	5.00

注：不包括消防电梯和服务电梯数量。

（2）电梯数量的计算

电梯数量＝高峰期乘梯总人数/每台梯 5 min 运输能力

即
$$N = P/p$$

$$P = 300r/T$$

式中：P 为全部电梯 5 min 的运客量＝建筑物内总人数×5 min 处理能力；

p 为每台电梯 5 min 运客量；

r 为底层大厅预计进入每台电梯的人数＝电梯额定载人数×0.8；

T 为平均行程时间＝平均间隔时间＋停站时间（平均间隔时间为相邻两台电梯到达的间隔时间，可以根据 2～3 取值；停站时间取决于停站的次数）＝50～90 s。

2.3.4 超高层建筑塔楼的竖向分区设计

超高层建筑塔楼基于其特有的垂直分布特性，可将其分成 3 大主要部分：塔顶、塔身和塔底。塔顶位于超高层最上部，其特殊位置使其需要承载超高层特定的观光功能及造型意义；塔底与城市相联结，主要为建筑对外的公共及接待功能；塔身是超高层的主要组成部分，建筑的主要使用功能都集中于此区段。同时，由于超高层建筑有着其他建筑所不具备的高度和层数，受限于电梯效率、消防疏散要求及现有的建造及设备技术，超高层建筑的交通系统、消防系统、结构系统和机电系统都需要在特定的区段进行相应集中的变化与加强，简称区间转换段。通常结构加强层、交通转换层及设备层结合避难层可一起设置（图 2-29）。

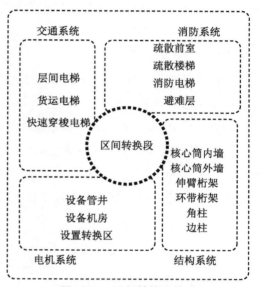

图 2-29 区间转换层构成

（来源：中国建筑学会. 建筑设计资料集：第 3 分册[M]. 3 版. 北京：中国建筑工业出版社，2017.）

1. 塔楼竖向区间转换段构成要素

（1）功能业态

作为一种集约式的实现多种功能业态的竖向体系，为使其每一功能区间段的功能都能得到有效的空间利用，需要在其竖向布置上进行恰当的功能分区，以保证每一功能区间段所涉及的竖向服务系统能形成相对高效与独立的系统。

（2）垂直交通

考虑现有技术条件下的电梯运能效率及经济性，并结合不同功能业态的规模与分区，平衡每个功能区段直达转换梯与区段内层梯的配比，也是确定垂直分段及每段层数的主要因素之一。

（3）消防疏散

现有消防设计规范中关于避难层设计的有关规定，也大致限定了垂直高度上关于消防疏散的区段划分。一般而言，超高层建筑两个避难层（间）之间的高度不大于50 m。同时消防疏散楼梯在避难层需要强制转换的规定也提供了该楼梯在不同功能区间段布置的灵活性。

（4）结构系统

为满足结构的侧向刚度要求，需在核心筒和外框柱之间设置水平伸臂构件，形成伸臂加强层。必要时，加强层也可在外框建筑平面外缘同时设置周边水平环带构件。伸臂加强层及水平环带构件通常结合建筑的避难层、设备层等区间转换段空间，以减小伸臂构件对建筑功能的影响。

（5）机电转换系统

由于超高层建筑层数多，受限于机电设备的承压能力，为降低机电设备的造价，需在超高层区段中设置机电转换系统，以使其有效地为各区段分别服务，实现资源节约。机电转换系统常与结构、疏散转换系统相结合，形成区间转换段。

2. 典型案例——深圳平安国际金融中心

平安国际金融中心沿竖向由下往上包括1个底层大堂、2个空中大厅、7个标准层区以及顶层的观光层。其各层交通流线如图（图2-30）。电梯的布局形式采取了空中转换式、分区式、双层电梯。

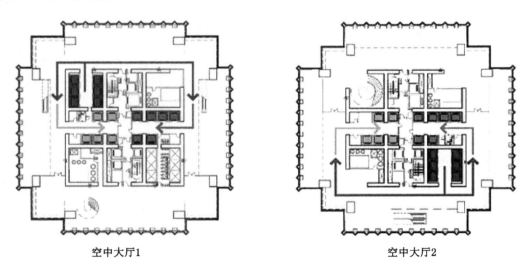

空中大厅1　　　　　　　　　　　　　空中大厅2

图2-30　平安国际金融中心空中大厅

（来源：作者改绘）

2.4 高层建筑塔楼设计的安全措施

我国在城镇规划和建筑设计中贯彻"预防为主,防消结合"的方针,通过防火措施,防止和减少火灾危害,制定了《建筑设计防火规范》(GB 50016—2014),2018年修订。

2.4.1 高层建筑总平面布局与防火要求

1. 建筑分类和耐火等级

民用建筑根据其建筑高度和层数可分为单、多层民用建筑和高层民用建筑。高层民用建筑根据其建筑高度、使用功能和楼层的建筑面积可分为一类和二类。民用建筑的分类应符合表2-4的规定。

表2-4 民用建筑的分类

名称	高层民用建筑		单、多层民用建筑
	一类	二类	
住宅建筑	建筑高度大于54 m住宅建筑(包括设置商业服务网点的住宅建筑)	建筑高度大于27 m,但不大于54 m的住宅建筑(包括设置商业服务网点的住宅建筑)	建筑高度不大于27 m的住宅建筑(包括设置商业服务网点的住宅建筑)
公共建筑	1. 建筑高度大于50 m的公共建筑; 2. 建筑高度24 m以上部分任一楼层建筑面积大于1 000 m^2 的商店、展览、电信、邮政、财贸金融建筑和其他多种功能组合的建筑; 3. 医疗建筑、重要公共建筑、独立建造的老年人照料设施; 4. 省级以上的广播电视和防灾指挥调度建筑、网局级和省级电力调度建筑; 5. 藏书超过100万册的图书馆、书库	除一类高层公共建筑外的其他高层公共建筑	1. 建筑高度大于24 m的单层公共建筑; 2. 建筑高度不大于24 m的其他公共建筑

2. 总平面布局与防火间距

民用建筑之间的防火间距不应小于表2-5的规定,与其他建筑的防火间距,除应符合本节规定外,还应符合《建筑设计防火规范》(GB 50016—2014)其他章的有关规定。

表2-5 民用建筑之间的防火间距   单位:m

建筑类别		高层民用建筑	裙房和其他民用建筑		
		一、二级	一、二级	三级	四级
高层民用建筑	一、二级	13	9	11	14

(续表)

建筑类别		高层民用建筑	裙房和其他民用建筑		
		一、二级	一、二级	三级	四级
裙房和其他民用建筑	一、二级	9	6	7	9
	三级	11	7	8	10
	四级	14	9	10	12

3. 防火分区最大允许面积和层数

除防火规范另有规定外,不同耐火等级建筑的允许建筑高度或层数、防火分区最大允许建筑面积应符合表2-6的规定。

表2-6 不同耐火等级建筑的允许建筑高度或层数、防火分区最大允许建筑面积

名称	耐火等级	允许建筑高度或层数	防火分区的最大允许建筑面积/m²	备注
高层民用建筑	一、二级	按表2-1确定	1 500	对于体育馆、剧场的观众厅,防火分区的最大允许建筑面积可适当增加
单、多层民用建筑	一、二级	按表2-1确定	2 500	
	三级	5层	1 200	
	四级	2层	600	
地下或半地下建筑(室)	一级	—	500	设备用房的防火分区最大允许建筑面积不应大于1 000 m²

来源:中华人民共和国住房和城乡建设部,中华人民共和国国家质量监督检验检疫总局.建筑设计防火规范(GB 50016—2014)[S].北京:中国建筑工业出版社,2018.

建筑内设置自动扶梯、敞开楼梯等上、下层相连通的开口时,其防火分区的建筑面积应按上、下层相连通的建筑面积叠加计算;当叠加计算后的建筑面积大于表2-3的规定时,应划分防火分区。

4. 高层建筑中庭防火设计

建筑内设置中庭时,其防火分区的建筑面积应按上、下层相连通的建筑面积叠加计算;当叠加计算后的建筑面积大于表2-3的规定时,应符合下列规定:

① 与周围连通空间应进行防火分隔,采用防火隔墙时,其耐火极限不应低于1.00 h;采用防火玻璃墙时,其耐火隔热性和耐火完整性不应低于1.00 h,采用耐火完整性不低于1.00 h的非隔热性防火玻璃墙时,应设置自动喷水灭火系统进行保护;采用防火卷帘时,其耐火极限不应低于3.00 h,并应符合本规范的其他规定;与中庭相连通的门、窗,应采用火灾时能自行关闭的甲级防火门、窗;② 高层建筑内的中庭回廊应设置自动喷水灭火系统和火灾自动报警系统;中庭应设置排烟设施;中庭内不应布置可燃物。防火分区之间应采用防火墙分隔,确有困难时,可采用防火卷帘等防火分隔设施分隔(图2-31)。采用

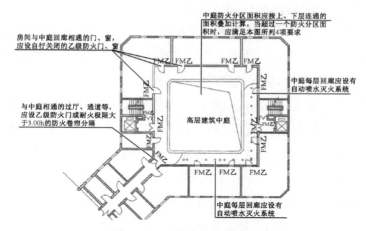

图 2-31　中庭防火设计示意

（来源：中国建筑标准设计研究院．《建筑设计防火规范》图示：按建筑设计防火规范 GB 50016—2014 编制[M]．北京：中国计划出版社，2014．）

防火卷帘分隔时，应符合本规范的其他规定。

5. 防火分隔部位防火卷帘设置要求

①除中庭外，当防火分隔部位的宽度不大于 30 m 时，防火卷帘的宽度不应大于 10 m；当防火分隔部位的宽度大于 30 m 时，防火卷帘的宽度不应大于该部位宽度的 1/3，且不应大于 20 m。②不宜采用侧式防火卷帘。③除本规范另有规定外，防火卷帘的耐火极限不应低于本规范对所设置部位墙体的耐火极限要求。当防火卷帘的耐火极限符合现行国家标准《门和卷帘的耐火试验方法》(GB/T 7633—2008)有关耐火完整性和耐火隔热性的判定条件时，可不设置自动喷水灭火系统。当防火卷帘的耐火极限仅符合现行国家标准《门和卷帘的耐火试验方法》(GB/T 7633—2008)有关耐火完整性的判定条件时，应设置自动喷水灭火系统。自动喷水灭火系统的设计应符合现行国家标准《自动喷水灭火系统设计规范》(GB 50084—2017)的规定，但火灾延续时间不应小于该防火卷帘的耐火极限。④防火卷帘应具有防烟性能，与楼板、梁、墙、柱之间的空隙应采用防火封堵材料封堵。⑤需在火灾时自动降落的防火卷帘，应具有信号反馈的功能。⑥其他要求，应符合现行国家标准《防火卷帘》(GB 14102—2005)的规定。

6. 商店营业厅、展览厅防火设计要求

一、二级耐火等级建筑内的商店营业厅、展览厅，当设置自动灭火系统和火灾自动报警系统并采用不燃或难燃装修材料时，其每个防火分区的最大允许建筑面积应符合下列规定：① 设置在高层建筑内时，不应大于 4 000 m²；② 设置在地下或半地下时，不应大于 2 000 m²。

7. 地下或半地下商店防火设计要求

总建筑面积大于 20 000 m² 的地下或半地下商店，应采用无门、窗、洞口的防火墙、耐火极限不低于2.00 h的楼板分隔为多个建筑面积不大于20 000 m² 的区域。相邻区域确需局部连通时,应采用下沉式广场等室外开敞空间、防火隔间、避难走道、防烟楼梯间等方式进行连通,其中,防火隔间的设置应符合下列规定:①防火隔间的墙应为耐火极限不低于3.00 h的防火隔墙;②防火隔间的建筑面积不应小于6.0 m²;③防火隔间的门应采用甲级防火门;④不同防火分区通向防火隔间的门不应计入安全出口,门的最小间距不应小于4 m;⑤防火隔间内部装修材料的燃烧性能应为A级;⑥不应用于除人员通行外的其他用途。避难走道的设置应符合下列规定:①避难走道防火隔墙的耐火极限不应低于3.00 h,楼板的耐火极限不应低于1.50 h。②避难走道直通地面的出口不应少于2个,并应设置在不同方向;当避难走道仅与1个防火分区相通且该防火分区至少有1个直通室外的安全出口时,可设置1个直通地面的出口。任一防火分区通向避难走道的门至该避难走道最近直通地面的出口的距离不应大于60 m。③避难走道的净宽度不应小于任一防火分区通向该避难走道的设计疏散总净宽度。④避难走道内部装修材料的燃烧性能应为A级。⑤防火分区至避难走道入口处应设置防烟前室,前室的使用面积不应小于6.0 m²,开向前室的门应采用甲级防火门,前室开向避难走道的门应采用乙级防火门。⑥避难走道内应设置消火栓、消防应急照明、应急广播和消防专线电话。此外,防烟楼梯间的门应采用甲级防火门。

2.4.2　高层建筑的安全疏散和避难措施

《建筑设计防火规范》(GB 50016—2014)(2018版修订)中公共建筑的安全疏散距离应符合下列规定。

1. 安全疏散距离要求

直通疏散走道的房间疏散门至最近安全出口的直线距离不应大于表2-7的规定。

表2-7　直通疏散走道的房间疏散门至最近安全出口的直线距离　　　单位:m

名称			位于两个安全出口之间的疏散门			位于袋形走道两侧或尽端的疏散门		
			一、二级	三级	四级	一、二级	三级	四级
托儿所、幼儿园、老年人建筑			25	20	15	20	15	10
歌舞、娱乐、放映、游艺场所			25	20	15	9	—	—
医疗建筑	单、多层		35	30	25	20	15	10
	高层	病房部分	24	—	—	12	—	—
		其他部分	30	—	—	15	—	—
教学建筑	单、多层		35	30	25	22	20	10
	高层		30	—	—	15	—	—

(续表)

名称		位于两个安全出口之间的疏散门			位于袋形走道两侧或尽端的疏散门		
		一、二级	三级	四级	一、二级	三级	四级
高层旅馆、展览建筑		30	—	—	15	—	—
其他建筑	单、多层	40	35	25	22	20	15
	高层	40	—	—	20	—	—

2. 疏散宽度设计要求

除防火规范另有规定外，公共建筑内疏散门和安全出口的净宽度不应小于 0.90 m，疏散走道和疏散楼梯的净宽度不应小于 1.10 m。高层公共建筑内楼梯间的首层疏散门、首层疏散外门、疏散走道和疏散楼梯的最小净宽度应符合表 2-8 的规定。

表 2-8 高层公共建筑内楼梯间的首层疏散门、首层疏散外门、疏散走道和疏散楼梯的最小净宽

单位：m

建筑类别	楼梯间的首层疏散门、首层疏散外门	走道		疏散楼梯
		单面布房	双面布房	
高层医疗建筑	1.3	1.4	1.5	1.3
其他高层公共建筑	1.2	1.3	1.4	1.2

以办公建筑为例，办公建筑的走道净高不应低于 2.20 m，贮藏间净高不应低于 2.00 m。办公建筑的走道还应符合下列要求：宽度应满足防火疏散要求，最小净宽应符合表 2-9 的规定。

表 2-9 办公建筑的走道最小净宽

单位：m

走道长度	走道净宽	
	单面布置	双面布置
≤40	1.30	1.50
>40	1.50	1.80

注：高层内筒结构的回廊式走道净宽最小值同单面布房走道。

3. 避难层设计

建筑高度大于 100 m 的公共建筑，应设置避难层（间），并应符合下列规定：①第一个避难层（间）的楼地面至灭火救援场地地面的高度不应大于 50 m，两个避难层（间）之间的高度不宜大于 50 m。②通向避难层（间）的疏散楼梯应在避难层分隔、同层错位或上下层断开。③避难层（间）的净面积应能满足设计避难人数避难的要求，并宜按 5.0 人/m² 计

算。④避难层可兼作设备层。设备管道宜集中布置,其中的易燃、可燃液体或气体管道应集中布置,设备管道区应采用耐火极限不低于3.00 h的防火隔墙与避难区分隔。管道井和设备间应采用耐火极限不低于2.00 h的防火隔墙与避难区分隔,管道井和设备间的门不应直接开向避难区;确需直接开向避难区时,与避难层区出入口的距离不应小于5 m,且应采用甲级防火门。⑤避难间内不应设置易燃、可燃液体或气体管道,不应开设除外窗、疏散门之外的其他开口。⑥避难层应设置消防电梯出口。⑦应设置消火栓和消防软管卷盘。⑧应设置消防专线电话和应急广播。⑨在避难层(间)进入楼梯间的入口处和疏散楼梯通向避难层(间)的出口处,应设置明显的指示标志。⑩应设置直接对外的可开启窗口或独立的机械防烟设施,外窗应采用乙级防火窗。

4. 竖向疏散通道设计

封闭楼梯间:防火等级低,楼梯间应靠外墙,楼梯间的门应为乙级防火门。

防烟楼梯间:具有防烟前室和防排烟设施,并与建筑物内使用空间分隔的楼梯间。

室外疏散楼梯:主要用于应急疏散,可作为辅助防烟楼梯使用。

剪刀楼梯:在同一楼梯间设置一堆相互重叠又互不相通的两个楼梯,可认为是两个独立的疏散口。

5. 疏散楼梯间设计要求

①楼梯间应能天然采光和自然通风,并宜靠外墙设置。靠外墙设置时,楼梯间、前室及合用前室外墙上的窗口与两侧门、窗、洞口最近边缘的水平距离不应小于1.0 m。②楼梯间内不应设置烧水间、可燃材料储藏室、垃圾道。③楼梯间内不应有影响疏散的凸出物或其他障碍物。④封闭楼梯间、防烟楼梯间及其前室,不应设置卷帘。⑤楼梯间内不应设置甲、乙、丙类液体管道。⑥封闭楼梯间、防烟楼梯间及其前室内禁止穿过或设置可燃气体管道。敞开楼梯间内不应设置可燃气体管道,当住宅建筑的敞开楼梯间内确需设置可燃气体管道和可燃气体计量表时,应采用金属管和设置切断气源的阀门。⑦除通向避难层错位的疏散楼梯外,建筑内的疏散楼梯间在各层的平面位置不应改变。

6. 封闭楼梯间设计要求

①不能自然通风或自然通风不能满足要求时,应设置机械加压送风系统或采用防烟楼梯间。②除楼梯间的出入口和外窗外,楼梯间的墙上不应开设其他门、窗、洞口。③高层建筑、人员密集的公共建筑、人员密集的多层丙类厂房、甲、乙类厂房,其封闭楼梯间的门应采用乙级防火门,并应向疏散方向开启;其他建筑,可采用双向弹簧门。④楼梯间的首层可将走道和门厅等包括在楼梯间内形成扩大的封闭楼梯间,但应采用乙级防火门等与其他走道和房间分隔。

7. 防烟楼梯间设计要求

①应设置防烟设施。②前室可与消防电梯间前室合用。③前室的使用面积：公共建筑、高层厂房(仓库)，不应小于 6.0 m²；住宅建筑，不应小于 4.5 m²。与消防电梯间前室合用时，合用前室的使用面积：公共建筑、高层厂房(仓库)，不应小于 10.0 m²；住宅建筑，不应小于 6.0 m²。④疏散走道通向前室以及前室通向楼梯间的门应采用乙级防火门。⑤除住宅建筑的楼梯间前室外，防烟楼梯间和前室内的墙上不应开设除疏散门和送风口外的其他门、窗、洞口。⑥楼梯间的首层可将走道和门厅等包括在楼梯间前室内形成扩大的前室，但应采用乙级防火门等与其他走道和房间分隔。

除通向避难层错位的疏散楼梯外，建筑内的疏散楼梯间在各层的平面位置不应改变。

8. 地下、半地下建筑(室)疏散楼梯间设计要求

除住宅建筑套内的自用楼梯外，地下或半地下建筑(室)的疏散楼梯间，应符合下列规定：①室内地面与室外出入口地坪高差大于 10 m 或 3 层及以上的地下、半地下建筑(室)，其疏散楼梯应采用防烟楼梯间；其他地下或半地下建筑(室)，其疏散楼梯应采用封闭楼梯间。②应在首层采用耐火极限不低于 2 h 的防火隔墙与其他部位分隔并应直通室外，确需在隔墙上开门时，应采用乙级防火门。③建筑地下或半地下部分与地上部分不应共用楼梯间，确需共用楼梯间时，应在首层采用耐火极限不低于 2 h 的防火隔墙和乙级防火门将地下或半地下部分与地上部分的连通部位完全分隔，并应设置明显标志。

2.4.3 高层建筑疏散设计案例分析

1. 上海中心室内垂直交通的组织

疏散楼梯：消防安全疏散楼梯是高层建筑人员安全疏散最主要的垂直交通工具。大厦裙房的疏散楼梯与主楼的安全疏散楼梯完全分开设置。主楼疏散楼梯的数量和宽度经过性能化分析，结合建筑用途进行设计，共设置 11 部疏散楼梯，其中 2 个楼梯还服务于 96 层至塔楼顶层。酒店宾馆区标准层最大 1 层建筑面积 2 762 m²，每层设为一个防火分区，设置 2 部防烟楼梯，另外设置 2 部附加楼梯服务于 85～87 层的酒店大厅和休闲中心。低区建筑平面为近似正方形，建筑整体内收，平面逐步变成六边形，核心筒位于正中央，标准层最大 1 层使用面积约 2 210 m²，故每层设为 1 个防火分区。人员密度按 9.0 m²/人计算，每层 246 人，设置两部防烟疏散楼梯。考虑到超高层建筑人员比较密集，另设置了 1 部封闭楼梯。这 3 部楼梯在避难层错层布置，并通往 1 层大厅与室外相通。另外在塔楼内设两部疏散楼梯，供 2～5 层疏散时单独使用。

疏散电梯：1 部从 1—89 层，两部从 89～96 层，3 部从 96～100 层；另设 13 部安全疏散的客梯，分别服务于不同避难层，其中 3 部为地面 1～89 层避难层的双层轿厢穿梭电梯,2部为从地上1～78层避难层的单层轿厢穿梭电梯,4部为地上2～54层避难层的双层轿厢穿梭电梯,4部为地上1～30层避难层的双层轿厢电梯。辅助疏散用的电梯设计有防火、防烟、防水功能,两路供电,且在电梯机房设置有火灾报警系统。通常情况下这些电梯为穿梭客梯,火灾时火灾自动报警系统联动使穿梭电梯迫降于建筑的1～2层,然后楼层功能布局由消防安全员将其驶往需要救助的避难层实施人员疏散。

2. 南京青奥中心(青年活动中心)

南京青奥中心是著名建筑师扎哈·哈迪德(Zaha Hadid)设计的作品。它由2座塔楼、1座裙楼组成,2座塔楼与裙楼通过空中走廊联通。南塔楼建筑高度249.5 m,共58层;北塔楼建筑高度314.5 m,共68层;裙楼为青奥会议中心,高27.5 m,为2栋超高层塔楼公用空间。

(1) 北塔楼

① 办公楼层位于7～36层(包含1个设备层和2个避难层);

② 酒店位于38～69层(41层为空中大堂)。

(2) 南塔楼

① 酒店位于7～41层;

② 公寓位于43～56层(43层为空中大堂)。

南京青奥双子塔的地下空间不仅包括停车场,还包括商业、服务设施等多种功能。为了充分利用了地下空间的优势,它采用了高效的空间利用方案,例如采用立体停车库和机械式车库,减少了停车位占用的空间,提高了空间的使用效率。此外,地下空间和地上空间之间采用了高效的交通组织方案,设置了扶梯、电梯、楼梯等,例如北楼有8部办公客梯、2部货梯、2部消防电梯,方便用户从地下空间到达地上空间。在交通组织上,不同功能区域之间的交通流线清晰明确,便于用户快速到达目的地。交通核将酒店、商业、观光等功能区域连接在了一起,使得用户可以方便快捷地到达不同的功能区域。

参考文献

[1] 何锦超,孙礼军. 高层建筑标准层平面设计100例[M]. 北京:中国建筑工业出版社,2005.

[2] 胡江渝. 城市与建筑的共生:高层综合体外部空间和造型设计研究[D]. 重庆:重庆大学,2001.

[3] 雷春浓. 现代高层建筑设计[M]. 北京:中国建筑工业出版社,1997.

[4] 中华人民共和国住房和城乡建设部,中华人民共和国国家质量监督检验检疫总局. 建筑抗震设计规范(GB 50011—2010)[S]. 北京:中国建筑工业出版社,2016.

[5] 中华人民共和国住房和城乡建设部. 高层建筑混凝土结构技术规程(JGJ 3—2010)[S]. 北京:中国建筑工业出版社,2011.

[6] 中华人民共和国住房和城乡建设部,中华人民共和国国家质量监督检验检疫总局. 建筑设计防火规范(GB 50016—2014)[S]. 北京:中国建筑工业出版社,2018.

[7] 张清. 场地设计:作图题[M]. 北京:中国电力出版社,2018.

[8] 冯刚. 高层建筑课程设计[M]. 南京:江苏人民出版社,2011.

[9] 卓刚. 高层建筑设计[M]. 3版. 武汉:华中科技大学出版社,2020.

[10] 中国建筑学会. 建筑设计资料集:第3分册[M]. 3版. 北京:中国建筑工业出版社,2017.

[11] 中华人民共和国住房和城乡建设部,中华人民共和国国家质量监督检验检疫总局. 汽车库、修车库、停车场设计防火规范(GB 50067—2014)[S]. 北京:中国建筑工业出版社,2015.

[12] 中国建筑标准设计研究院.《建筑设计防火规范》图示:按建筑设计防火规范 GB 50016—2014编制[M]. 北京:中国计划出版社,2014.

[13] 曹纬浚. 一级注册建筑师考试建筑技术设计(作图)应试指南[M]. 北京:中国建筑工业出版社,2017.

[14] Wan K, Cheung G, Cheng V. 香港的气候变化:通过可持续性的改造缓解气候变化对建筑的影响[M]//世界高层建筑与都市人居学会(CTBUH). 高层建筑与都市人居环境03:欧洲中央银行. 上海:同济大学出版社,2016:20-25.

[15] 世界高层建筑与都市人居学会(CTBUH). 高层建筑数据统计[M]//世界高层建筑与都市人居学会(CTBUH). 高层建筑与都市人居环境03:欧洲中央银行. 上海:同济大学出版社,2016:46-47.

[16] Prix W D. 欧洲中央银行:两栋塔楼,一座市场[M]//世界高层建筑与都市人居学会(CTBUH). 高层建筑与都市人居环境03:欧洲中央银行. 上海:同济大学出版社,2016:12-19.

[17] Antony W. Rethinking the skyscraper in the Ecological Age:design principles for a new high-rise vernacular [J]. International Journal of High-Rise Buildings, 2015, 4(2):91-101.

[18] Chicago Metropolitan Agency for Planning. Go to 2040:comprehensive regional plan [R]. Chicago:Chicago Metropolitan Agency for Planning, 2011.

[19] McNulty E P. Chicago then and now[M]. London:PRC Publishing Ltd, 2000:80-81.

[20] McCabe M P. Building the planning consensus:the plan of Chicago, civic boosterism, and urban reform in Chicago, 1893 to 1915[J]. American Journal of Economics and Sociology, 2016, 75(1):116-148.

[21] Wood A, Bahrami P, Safarik D, et al. Green walls in high-rise buildings:an output of

the CTBUH Sustainability Working Group[M]. Mulgrave: The Images Publishing Group Pty Ltd, 2014.

[22] Wood A, Salib R. Natural ventilation in high-rise office buildings: an output of the CTBUH sustainability working group[M]. New York: Routledge, 2013.

[23] Binder G. 101 of the world's tallest buildings[M]. Mulgrave: Images, 1995.

[24] 世界高层建筑与都市人居学会(CTBUH).高层建筑与都市人居环境 12:连接城市[M].上海:同济大学出版社,2017.

[25] 世界高层建筑与都市人居学会(CTBUH).高层建筑与都市人居环境 08:巨型城市[M].上海:同济大学出版社,2016.

[26] 世界高层建筑与都市人居学会(CTBUH).高层建筑与都市人居环境 03:欧洲中央银行[M].上海:同济大学出版社,2016.

[27] 马福.高层建筑结构概念设计[J].科技情报开发与经济,2003(1):137-138.

[28] 李冬冬,徐鑫鸣,王南.高层建筑结构概念设计中的互动效应[J].四川建筑科学研究,2007,33(1):45-49.

[29] 杨小红.浅谈高层建筑的结构概念设计[C]//《建筑科技与管理》组委会,2020 年 12 月建筑科技与管理学术交流会论文集.北京,2020:10-11.

[30] 孟丽姣.浅析超高层建筑核心筒设计[J].城市建筑,2014(19):31-33.

[31] 周美舟,汪海鸥.高层办公建筑标准层设计[J].江西建材,2015(7):41.

[32] 刘文泉.商务办公建筑标准层及其空间模块研究[D].长沙:湖南大学,2017.

[33] 李振海.高层综合建筑标准层及其空间设计研究[D].大连:大连理工大学,2006.

[34] 江龙婷.复合功能高层建筑的标准层设计研究[D].广州:华南理工大学,2013.

[35] 世界高层建筑与都市人居学会(CTBUH),中国高层建筑国际交流委员会(CITAB).中国最佳高层建筑:2016 年度中国摩天大楼总览[M].上海:同济大学出版社,2016.

[36] 法利,津贝尔.城市高层建筑经典案例:高层建筑与周边环境[M].李青,译.北京:电子工业出版社,2016.

[37] 曾宪川,孙礼军,周文,等.高层商业城市综合体建筑设计方法研究[M].北京:中国建筑工业出版社,2017.

[38] 王洪礼.千米级摩天大楼建筑设计关键技术研究[M].北京:中国建筑工业出版社,2017.

[39] Moon K S, Miranda M D D O. Conjoined towers for livable and sustainable vertical urbanism[J]. International Journal of High-Rise Buildings, 2020, 9(4): 387-396.

第三章
高层建筑造型及空间设计解析

高层建筑作为一种重要的城市建筑类型,是一个建筑设计和城市设计的双重过程,即高层建筑设计需要引入城市设计的思想和意识。实现城市与建筑在物质空间层次上的共生需要在整体化和人性化原则的基础上,进行良好的外部空间设计和造型设计。高层建筑外部空间的设计要从整体化和人性化设计的角度进行考虑,使高层建筑与城市空间有机组合。高层建筑的造型设计可通过整体化设计以及对视觉和尺度的把控、色彩等设计要素的灵活运用,使高层建筑的形体与周边建筑和城市契合,美化城市环境并提升城市景观和环境质量。只有处理好高层建筑与城市的关系,才能使其既具有地标性又能融入城市肌理,同时又能展现新技术的魅力并体现城市特性。

3.1 高层建筑形体塑造解析

3.1.1 建筑形体的基本类型

1. 规则几何体

建筑形态的基本形式是规则几何体,如南京金陵饭店、南京多媒体大楼等。

1983年建成的南京金陵饭店凭借37层、110 m的高度,成为"中国第一高楼",也是当时的地标建筑,见证了中国改革开放的变化和南京市的发展历程(图3-1)。金陵饭店二期亚太商务楼(右)延续金陵饭店(左)的风格,均保持了方形白色建筑,建筑形象沉稳内敛,规整的方形网格作为立面的建筑肌理和设计语言,富有人文气息。南京多媒体大楼也是典型规则形体,外立面则以幕墙为主(图3-2),虚实结合、简洁大方。

图 3-1　南京金陵饭店及二期扩建
（来源：作者拍摄）

图 3-2　南京多媒体大楼
（来源：作者拍摄）

2. 雕塑体

雕塑体即建筑形体有雕塑性，表达一定的象征意义，达到了外在形体和内在精神的和谐统一。如拉斯维加斯卢克索（Luxor Las Vegas）金字塔酒店（图 3-3），它是一个 30 层的酒店，位于美国内华达州拉斯维加斯大道南端。酒店的设计理念自然是于古埃及金字塔和狮身人面像。位于金字塔内墙的房间，需要乘搭一种特制的升降机方能到达，而这种升降机是与外墙一样呈 39°角，该酒店被普遍认为是 20 世纪 90 年代后现代建筑主义的典范。

图 3-3　美国拉斯维加斯卢克索金字塔酒店
（来源：作者拍摄）

3. 象征体

象征体指建筑形体具有某种精神意味或象征性。如法国巴黎德方斯巨门，以及巴西首都巴西利亚之国会大厦等。德方斯巨门位于法国巴黎德方斯区，是1989年法国为庆祝大革命胜利200周年所建工程之一，它是丹麦建筑师斯朴瑞克森·安德鲁主持设计的。它是巴黎拉德芳斯(La Défense)金融商业区中心的新凯旋门(La Grande Arche)，也是一座划时代的标志性建筑。巴黎中轴线从这个宏伟的巨型拱门（高度110 m，深度112 m，横跨度108 m）中穿过，它就好像一扇通往巴黎城的永远敞开的大门（图3-4）。

图3-4　法国巴黎拉德芳斯新凯旋门

（来源：作者拍摄）

美国拉斯维加斯石中剑酒店(Excalibur)犹如一座庞大的城堡。酒店的设计都以亚瑟王的传奇故事作蓝本。整间酒店建筑成中世纪城堡风格的形状，建筑极具骑士风格。该酒店通过高架人行天桥与北面和东面的相邻酒店相连。整座建筑物外形采用白色古堡形式设计，它是以欧洲中古世纪亚瑟王、圆桌武士故事为主题，在酒店的大门口，设有吊桥，将人们带回到欧洲的中古世纪（图3-5）。

图3-5　美国拉斯维加斯石中剑酒店

（来源：作者拍摄）

3.1.2 高层建筑立面形态与形体塑造

高层建筑立面形态主要有线型和形体两种要素构成方式。

1. 线型组合

线型组合变化以基本线型为要素，包括直线、凸线和凹线，经组合变化后可生出多变的平面形式。

图3-6　南京金奥中心
（来源：作者拍摄）

南京金奥中心采用双层幕墙，外层表面设计成折叠起伏的传统的纸灯笼型，体现中国传统的文化元素（图3-6）。主塔楼顶部强调透明，而在酒店部分，内表面变得隐蔽而不透明，部分玻璃阳台引入升级的房间提供了更佳的舒适性。裙楼的外墙面采用灰色石材，表面所形成的肌理与南京城墙遥相呼应，公寓在不同的楼层面设计了多个空中花园，形成一个个嵌入式空中的小院落，让每层公寓住户在本层有公共活动区域，方便邻里交往、增加了公共活动空间。公寓平面为围合式布置，形成中国院落式风格。

2. 形体组合创新

形体组合创新以基本形体为构形基础要素，例如正方形、矩形、正三角形、圆形、菱形等，由此衍生创造出新形体的构形方式。

苏州东方之门作为中国结构最复杂的超高层建筑之一，通过简单的几何曲线处理，将传统文化与现代建筑融为一体，最大力度地传承苏州历史文化。同时作为园区CBD核心区的标志性建筑、中国最高的空中苏式园林，其设计灵感来自两位主要设计师的中国传统和西方项目的影响，其结果是西方化的纯粹形式和中国式的微妙结合，为苏州市引入了一个引人注目的标志性"门户"（图3-7）。大厦地处苏州工业园区CBD轴线的东端，东临星港街及金鸡湖，西面为园区管委会大楼及世纪金融大厦，南面为小河，北侧为城市绿带和城市道路（图3-8）。大厦由两栋超高层建筑组成的双塔连体建筑，分南、北塔楼和南、北裙房等主要结构单元，塔楼总高度为278 m，裙房总高度为50 m左右。

两栋塔楼地上最高分别为66层和60层，其建筑层高、平面布置和使用荷载都不相同，使作为连体双塔的南北两座楼的结构刚度、结构重量也存在着明显的差异，双塔顶部

 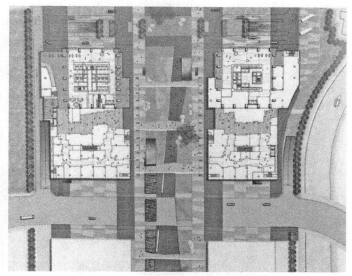

图 3-7　苏州东方之门

（来源：作者拍摄）

图 3-8　苏州东方之门总平面

（来源：Binder G. 101 of the world's tallest buildings [M]. Mulgrave：Images，1995.）

在 230 m 高空相连，顶部连体部分为五星级酒店。东方之门设计中出现了跨越南北塔楼的河道、通高的穹顶商业走道以及大量的夹层商铺。为保证穹顶走道的效果，机电主要的水平管线都不经过走道上空，而是放在了商铺的界面内，进一步挤压了夹层空间的面积和净高。南北裙楼之间，在 6~8 层有一条跨度超过 60 m 的连桥通过。该建筑从苏州传统著名花园的历史和文化借鉴中汲取了灵感，幕墙覆盖着塔身，就像苏州的丝绸。

该建筑位于一个主要的地下铁路交会处上方，其交汇处将完全整合到已建成的建筑中。空中园林位于东方之门塔楼顶部，顶部独特的拱形玻璃幕墙体系围合出一个开敞的"温室空间"。为完整展现东方之门的天际线和空中园林的非常规设想，比如消防方面，为了保证消防电梯的平面位置及其冲顶高度不影响空中园林的设计，南北塔楼各 1 部消防电梯均在第 4 避难层做了转换。机电设计师在进行排烟风机布置时，结合幕墙框架体系进行设计，且将风机直接设置在外幕墙上，省去了排烟风管，减少了机电设备对空中园林视觉效果的影响。

3.1.3　形体组合关系与高层建筑的立面设计

根据高层建筑塔楼与裙房的关系，主要有 3 种。①塔楼与裙房分离：两者之间只有连接体相联系，形成分离式组合。其优点是两者在功能布置中不受结构与设备等因素干扰。②塔楼与裙房毗邻：按照防火规范，主体建筑四周至少在一个长边内不能扩建裙房，将主体建筑与裙房的某一个边或角落相连,以使塔楼靠近消防车道,便于火灾扑救;方便组织各种出入口与交通流线,裙房与塔楼的内部功能分区布置方便且裙房不受塔楼的结构限制而显灵活。③塔楼在裙房上部:即基座式裙房,将高层建筑公共用房集中于底部,并扩大柱网形成基座,可使裙房拥有更多面积,尤其在用地紧张时,使高层主体建筑与邻近建筑保持规定的防火间距且高层建筑的临街面与街道界面保持协调一致(图3-9)。

以 SOM 建筑设计事务所在中国的设计作品(图3-10)分析,我们不难发现,目前主要有 3 种模式。①单塔楼:常见的基座式裙房,形体有立方体、椭圆体、棱柱体、渐变型塔体等;②双塔楼:塔楼成对出现且相似或相同,形成一定的韵律,中间可以连接抑或不连;③多形体组合:塔楼可以是单个,也可以是两个。裙房的组合形态多样,可毗邻或者分块布置,自由灵活。

图 3-9　高层建筑临街面与
街道界面协调一致
(来源:作者拍摄)

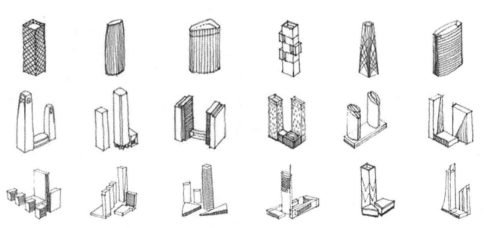

图 3-10　SOM 建筑设计事务所在中国的设计作品分析

(来源:世界高层建筑与都市人居学会(CTBUH).高层建筑与都市人居环境 04:哈德逊城市广场[M].上海:同济大学出版社,2016.)

3.1.4　高层建筑塔楼顶部造型设计

勒·柯布西耶(Le Corbusier)将"屋顶花园"纳入"新建筑五要素"中,时至今日,屋顶设计成为世界各地的高层建筑中最重要元素。随着人们对空间产生更多个性化的需求，屋顶变成了"空中花园"，或者被设计成餐厅、游泳池等复合型的城市公共空间。从顶部造型设计的地域性看，体现在自然地理特征、城市文化组成以及城市特色3方面。在设计方法上，将扩充的城市特色元素转化为恰当的建筑符号，丰富顶部所承载文化信息的多样性，从更深层次将城市文化精神通过隐喻等方式表达文化象征意义。

建筑顶部造型设计对于城市的整体设计有着重要影响，尤其超高层建筑是重要的视觉要素和构成要素，由此高层建筑顶部设计中，其造型设计效果与城市的整体环境及发展产生关联且是动态关联。所以，顶部造型设计需要不断提升城市整体环境，促进建筑与城市环境的相互融合以及建筑和城市的历史文化和城市体现的时代精神相融合。

以位于鼓楼广场东南角的邮政大楼为例，主楼塔顶部设计在造型、比例和符号意义上都隐喻了在其对角线位置上的明朝钟楼的形象，门的造型及裙房设计呼应"钟"的隐喻作用，起到了良好的效果。所以高层建筑设计要重视文化、历史、民俗、传统等要素，强调建筑风格背后的城市文化精神。金陵饭店的扩建工程在形体上采用了前后呼应的手法，保持了原有建筑沉稳大气的风格（图3-11）。

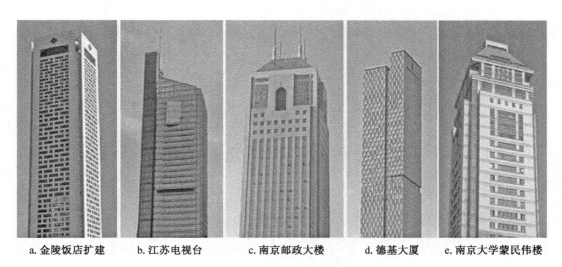

a. 金陵饭店扩建　　b. 江苏电视台　　c. 南京邮政大楼　　d. 德基大厦　　e. 南京大学蒙民伟楼

图 3-11　南京代表性高层建筑顶部设计

（来源：作者拍摄整理）

高层建筑顶部设计时与其整体的设计风格、建筑本身的材料、表达的设计理念等不可分割。从图3-12芝加哥一组屋顶鸟瞰图中可以看出，现代高层建筑的幕墙立面和独特的形式多样的窗户分隔方式被设计师运用到屋顶的设计中。古典风格的建筑屋顶则以穹顶的轮廓呼应着老建筑的经典元素，立面覆材则选择了与墙面色彩统一，以此凸显

图 3-12　芝加哥市中心地区的屋顶

(来源：作者拍摄)

新与旧的结合。带有装饰主义风格的高层建筑顶部采用的金色材料与老建筑立面的灰色相辅相成，显得简约而自然(图 3-12)。

高层建筑顶部形态与周边建筑的协调呼应包括顶部形体、材料和色彩、立面构图、外轮廓线等方面的近似处理，使其与周围建筑在风格上统一，在符号、形体等方面互补而达到和谐。城市的可识别性要求城市环境清晰可辨，而高层建筑群体顶部所形成的城市天际线正是人们识别城市的重要元素。高层建筑顶部特征要让群体建筑形象统一、和谐、富有美感，并融入周边的环境中。

3.2　高层建筑造型特征及典型案例分析

3.2.1　高层建筑造型设计与城市文化体现

全世界高层建筑的奠基人、芝加哥学派代表人物沙利文曾指出建筑高度与城市的关系：建筑高度的背后，是一个城市的梦想。这类高层建筑数量较多，它们的形体多采用超高层的塔式建筑，重点强调塔顶部位的高耸尖顶处理，并形成城市的主要标志。一座城市天际线的高度代表着城市的格局和视野，而超高层地标建筑是城市高度的象征，不仅表达出城市的综合实力，更是对开发商和建造者综合实力的巨大挑战。

文化在区域和城市发展中的作用已经成为世界共识。文化在创新、品牌、旅游和社会包容等许多层面上被纳入城市战略。文化所产生的影响还有更多无形的方面：①振兴空间；②重组城市地区；③可持续城市发展；④建立社会凝聚力；⑤为人们在城市中拥有可持续和多样化的生活创造有利的环境；⑥增强个人和社区自信的能力；⑦有助于发展和增强文化多样性；⑧产生独特的地方认同感。在诸多的城市，文化一直被用作当地增长和发展的工具。文化投资可以促进城市发展和振兴城市地区。城市应利用其独特的资产、地点和区域资源，充分利用文化的附加值。

城市的结构反映了城市所发生的事件、增长、过渡和变化，其中建筑传达了建筑意义上它们的组合方式的信息。设计策略的一个关键考虑因素是，开发应适应其环境，但环境的定义应包括视觉、社会、功能和环境等方面。建筑与文化、社会、经济以及周围环境有关，所有这些方面的相互作用对于确定地域特征至关重要。因此，城市的建筑环境是其社会文化和政治背景的产物，反过来又影响建筑和规划学科。

建筑设计最能体现一个城市的文化底蕴、特色风情和社会风貌。不同地域、不同风格的高层建筑，都能体现出当地历史文化、特色风情，其背后都蕴藏着一定的民族特色、历史意义、文化内涵等。尤其是在提倡创新、追求个性的今天，我们要立足本土实际，立足中国国情，传承历史、保护环境、坚持可持续发展理念，因地制宜地创造出具有自身特色的城市建筑。高层建筑与城市文化的多样性相融合，为我们的城市更多注入充满活力的城市空间、公共项目和住宅项目，从而创造新的垂直多用途社区，将文化作为城市再生和创新以及社会、经济和环境发展的独特资源融入城市政策。

慎行广场二号大厦（Two Prudential Plaza）是一栋位于美国伊利诺伊州芝加哥洛普区的摩天大楼，中文又称保德信第二广场，是美国著名的摩天大楼，可俯瞰千年公园和密歇根湖。大厦建成时，它是世界上最高的钢筋混凝土建筑且形态独特，顶部是一个金字塔形旋转45°且高24 m的尖峰，又被称为铅笔大厦，这增加了它的独特性（图3-13）。大

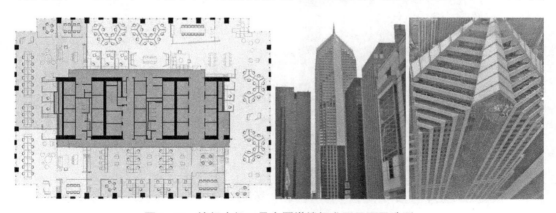

图3-13 慎行广场二号大厦塔楼标准层平面及造型

（来源：左图来自 Binder G. 101 of the world's tallest buildings[M]. Mulgrave：Images，1995；右图为作者拍摄）

厦位于芝加哥市斯特森大街。建筑高度包含尖顶为 303.28 m，许多机构都驻扎在此，包括领事馆和芝加哥广播电台。从许多角度看，这座建筑在芝加哥的天际线上总是与众不同，非常现代和时尚，体现了国际大都市特有的高层建筑文化。大厦重建项目为邻近地区带来了新的活力，翻新了现有的 41 层慎行广场一号；新建 64 层、120 万平方英尺（约 111 483 m²）的保诚广场二期等。这 2 座建筑共用一个大堂，入口层的建筑元素也相互匹配。

以上海金茂大厦为例，其地处陆家嘴金融贸易区中心，北临 10 万 m² 的中央绿地。它是一个现代化、高标准的超甲级写字楼，项目集星级酒店、会展中心、娱乐、商场等为一体。由美国芝加哥 SOM 建筑设计事务所设计规划，由阿德里安·史密斯（Adrian Smith）主创设计、上海现代建筑设计有限公司配合设计。设计师将世界建筑潮流与中国传统建筑风格结合，大厦高 420 m，88 层。建筑外观由不锈钢与玻璃幕墙组成，立面采取分段式收缩的方式直至塔顶，形成类似于中国古代密檐佛塔的立面轮廓意向。大厦的主体结构存在墙体收分和体型变化，建筑外观属塔形建筑（图3-14）。外墙由大块的玻璃墙组成，反射出似银非银、深浅不一、变化无穷的色彩。玻璃分为 2 层，中间有低温传导器，外面的气温不会影响到内部。

图 3-14　上海金茂大厦

（来源：作者拍摄）

3.2.2 现代设计美学与高层建筑造型表达

整体性设计是建筑系统的最基本特征。建筑的结构、功能、形态相互作用且相辅相成。高层建筑设计则既要注重建筑的结构和功能的整体性,同时要将建筑的空间结构相互联系。一些高层建筑的结构构件或者设备管线不再被刻意遮挡且故意裸露在外,成为建筑立面的重要表现手段。现代主义的机械美学从偏重逻辑性、流程、机械设备、技术与结构到更注重形式的运动性(流动性),强调超感官的理念,美学风格上更加轻巧、灵活,风格倾向于外骨架效果。这一美学思想预见着现代设计美学的某种发展方向。

香港汇丰银行大厦由英国建筑师诺曼·福斯特设计。整座建筑物高 180 m,共有 46 层楼面及 4 层地库。从外观结构上来看,大楼外形上显著暴露出钢柱和钢桁架,成为立面的主角(图 3-15)。建筑的结构支撑体系主要由竖向桁架和水平桁架组成,即竖向桁架布置在建筑两侧且每侧 4 个,水平桁架则将楼身分为 5 段,其间每层楼板均由悬挂系统悬挂于水平桁架之上。其设计特色在于内部并无任何支撑结构,可自由拆卸。所有支撑结构均设于建筑物外部,使楼面实用空间更大。因全部楼层都无支柱阻挡,办公空间布置灵活。大厦有大都市建筑的风度且与香港这个充满着朝气与独特情怀的城市风情相得益彰。

图 3-15 香港汇丰银行大厦

(来源:作者拍摄)

纽约花园大道(Park Avenue)425 号为了最大限度地利用公园大道的正面,建筑师将核心筒置于后方,第一次倒退与街道的基准面相对应(纽约高层建筑设计的一个特点);第二次倒退发展了这一主题,从物理上和象征上区分了上层与城市的其他办公楼。该 47

层高的塔楼包括一个 3 层高的大堂、世界一流的办公住宿、外部绿地、宽敞的社交设施层和顶层公寓(图 3-16)。设计是通过详细分析过程建立的,包括从现场对中央公园进行建模,并找到理想的区域分布,以实现平衡的组成。锥形钢框架塔清晰地表达了其结构的几何形式,与三面剪力墙相接,为纽约市的天际线增添了活力。其优雅的立面与创新的内部布置无缝结合,这座新建筑提供了世界级的可持续办公场所,建筑中的低层、中层和高层都有一个景观露台,可以欣赏曼哈顿和中央公园的全景。为了最大化公园大道的临街面积,玻璃楼梯间可以看到东河的远景,玻璃电梯大厅也为东部立面带来了生机。

图 3-16 纽约花园大道 425 号

(来源:花园大道 425 号官网 https://425parkave.com/)

3.2.3 生态思想表达与高层建筑造型设计

这种趋向出现的背后是建筑节能要求与人们对生活空间自然化的要求。高层建筑要突出多功能性,认真分析建筑的功能定位,将建筑绿色节能设计与功能使用有效结合,创造出能满足功能丰富、环境优美、绿色节能的建筑空间。现代高层建筑注重利用可再生资源以及有利的环境条件实现节能环保,这需要改变传统的建筑设计方式与建设模式,在设计中更加注重自然、生态、绿色环境的营造,将自然环境及绿色技术引入室内空间,促进建筑的可持续和绿色发展。这类建筑的生态化设计具有一些共同的特点,都注重把绿色引入楼层,综合考虑日照、遮阳、自然通风以及与自然环境的结合等因素,并应用生物气候学等相关理论进行建筑设计。

1. 梅纳拉商厦(Menara Mesiniaga Tower)

马来西亚梅纳拉商厦由 T. R. 汉沙和杨经文(T. R. Hamzah & Yeang Sdn.

Bhd.)设计,15层高。植物栽培从楼的一侧护坡开始且螺旋式上升,种植在楼上内凹的平台上。受日晒较多的东、西向窗户都装有铝合金遮阳百叶;建筑顶部设置了屋顶游泳池并由遮阳棚架覆盖;最大限度利用了自然通风,并且根据朝阳方向加以精心设计。圆形塔的结构由建筑围护结构外的八根柱子支撑,使内部具有最大的灵活性(图3-17)。自然通风的电梯和楼梯核心位于大楼东侧,以阻挡早晨强烈阳光的照射。立面采用了铝百叶窗,有助于防止太阳热量的增加。百叶窗的布置说明了该建筑的赤道太阳路径:受阳光直射最少的北立面和南立面用薄条形百叶窗遮挡,而建筑的西立面则被几乎覆盖整个窗户的宽铝带遮挡,以阻挡午后的强烈阳光。这是杨经文多年来对高层建筑被动策略研究的成果,也是他一系列建筑中第一座完全实现生物气候设计原则的建筑。梅纳拉商厦高度体现了他将被动设计带入东南亚湿热气候的执着目标,并影响了全球各地的摩天大楼设计。

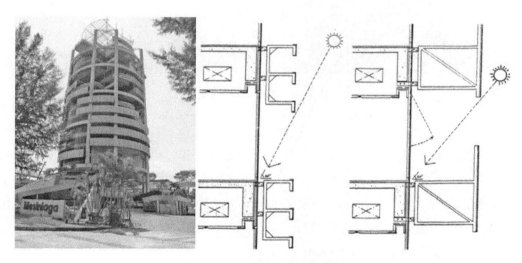

图 3-17 马来西亚梅纳拉商厦

(来源:http://www.solaripedia.com)

2. 曼哈顿空中花园(The Stratford)

由 SOM 建筑设计事务所设计的曼哈顿空中花园位于伦敦东区,建成后成为伦敦新的都市地标,为街区带来了焦点与活力。这座42层高的塔楼包含了住宅、五星级酒店、空中花园、2间餐厅以及多个活动会场。其挑战在于要打造一个现代化的垂直社区,使其在反映地区多样性的同时鼓励人们自由对话、彼此建立新的联系。设计团队从城市花园广场和都市混合住宅样式中汲取灵感,试图诠释出伦敦最优质的住宅样式。设计者认为,该多种类型混合的居住方式是伦敦新型社区发展的基础(图3-18)。

大楼花园分别位于建筑的7层、25层和36层,特色分明;顶部是3个空中花园之一。

图3-18　曼哈顿空中花园

(来源：SOM中国官网 https://www.somchina.cn/)

塔楼沿对角线切掉了2个三角形的区域，上面是悬挑的住宅楼层；深缺口内镶嵌着塔楼居民共享的户外景观空间，被誉为"空中花园"。这些垂直的绿色空间与伦敦传统的住宅广场和街景具有类似的社会功能，鼓励邻里间的交流互动。悬挑式设计为花园层打造无柱的观景环境创造了独特的公共空间。

3. 中央公园一号大楼(One Central Park)

悉尼的中央公园一号大楼采用了两种不同寻常的高层建筑技术——水培法和定日镜，让植物生长在建筑物的外围。植物为建筑遮阴节省了冷却所需要的能源，在需要的时候定日镜还可将阳光反射到大楼以及与之相连的公园绿地上，这样有效降低了屋顶的热量，也使高处和地面产生了有趣的视觉效果，整座建筑都被郁郁葱葱的绿色植物覆盖。

中央公园一号大楼是一座双塔多功能开发项目，外观非常独特。周围的绿色空间不仅延伸到双塔的立面上，还以东塔悬挑空中花园的形式延伸到天空中(图3-19)。该悬臂建筑包含一系列住宅设施，包括室外露台、烧烤设施和游泳池，最具活力的特点是1个反射式反光定日镜，该定日器配有320个电动镜子，可将自然光引入2栋建筑之间的空间。

图 3-19　中央公园一号大楼

（来源：世界高层建筑与都市人居学会官网）

3.2.4　高层建筑多元化的造型表达方式

高层建筑在满足功能与技术之后，外表的装饰艺术成为建筑师热衷的另一倾向。同时随着建筑艺术的进步，人们对高层建筑造型设计风格多元化的理解及要求进一步加深，尤其是高层建筑与周围的生态系统的融合，舒适、健康的空间环境成为大家关注的重要方面。

1. 散热器大厦（American Radiator Building）

代表人物胡德在纽约的第一个项目是美国散热器大厦，该建筑因其黑色和金色交织的视觉效果而备受称赞；通过缩小地块上的建筑大小，使其不与另一个建筑场所相邻，为它的塔楼增加更多的窗户，并改善内部办公空间的质量。黑砖解决了立面被窗户轮廓打断的问题，而建筑物顶端的金色是一种没有图像或标语的建筑广告形式。

2. 曼德勒海湾（Mandalay Bay）酒店

拉斯维加斯的曼德勒海湾酒店通体是金色质感，使用了大量的珍珠金色构件来构筑酒店造型，充分体现了热带风格（图 3-20）。同时作为米高梅度假村国际公司环境责任战略计划的一部分即减少浪费和节约能源，曼德勒海湾度假酒店的会议中心采用屋顶太阳能阵列设计，沿着拉斯维加斯的天际线创造了引人注目的景观，并向酒店客人和拉斯维加斯居民展示了可持续发展的理念。

3. 纽约利华大厦（Lever House）

纽约利华大厦作为全玻璃幕墙的开创者，它的落成不仅开创了一种新的建筑语言，同时也为全世界的写字楼设计提供借鉴。大厦共 24 层，上部为板式建筑，下部 2 层呈正

图 3-20　曼德勒海湾酒店

（来源：作者拍摄）

图 3-21　纽约利华大厦

（来源：作者拍摄）

方形基座形式，全部用浅蓝色玻璃幕墙（图 3-21）。它开创了全玻璃幕墙"板式"高层建筑的新手法，成为当代风行一时的样板。SOM 建筑设计事务所的设计简约并不代表着简单，而是讲究空间、质感、细节，将所有的一切精致化与巧妙化，需要加入更多的思考。设计者戈登·邦夏（Gordon Bunshaft）的玻璃幕墙设计成功颠覆了当时建筑设计原理和风格，可谓是建筑设计的新"标志"，让高层建筑设计摆脱了钢筋混凝土的束缚。

4. 深圳能源总部大楼（Shenzhen Energy Headquarters Tower）

我国深圳能源总部大楼设计主旨是让它和谐融入充满文化、政治和商业的深圳市中心，同时在城市主轴线上树立出一个新型社交和可持续的地标建筑。其北楼 220 m，南楼 110 m，下面为 34 m 高的裙房。

（1）立面特色

曲折的外立面方向与日照行进对应。朝北开口最大化，在可获得充足自然光线和景观的同时，室内也可以减少日光的直射曝照。此可持续的外墙系统在无需任何移动构件

图 3-22　深圳能源总部大楼

（来源：世界高层建筑与都市人居学会官网）

或复杂的技术即有效降低了建筑物的整体能耗（图 3-22）。

（2）可持续外墙系统

BIG 建筑设计事务所设计了一套起伏的建筑外墙系统，在塔楼周围形成了波纹状的外皮，摒弃传统玻璃幕墙的外观。通过褶叠状的结构，发展出同时封闭和开放的立面。褶叠墙具有高隔热功能，在阻挡阳光直射的同时提供广阔视野。因此建筑体从远处看呈现立体图案，从近距离看则可发现优雅折线的结构。

（3）室内空间

深圳能源公司的员工办公室位于建筑的高楼层，享有最佳景观，其余楼层则是可出租的办公空间。在建筑体外凸的部分，外立面的实墙向两侧平滑展开露出幕墙——创造出各个楼层视野广阔的大面积空间，作为会议室、行政俱乐部和员工使用空间。

5. 纽约曼哈顿西 57（VIA 57 West）

以纽约曼哈顿西 57 高层住宅为例，这座纽约新式大楼将密集的美式摩天大楼和欧式公共庭院空间组合在一起。2016 年它被评为美国最佳的高层建筑之一。建筑东北角是整栋建筑的最高点，在满足尽可能多的住宅需求的同时，也最大限度地为住户提供哈德逊河的盛景。人们从不同角度可看到建筑不同的外在形态，从西侧看，它宛如是一座曲面金字塔；从东侧看，它呈现出塔尖似的外观（图 3-23）。项目位于哈德逊公园的最北端,延续了公园绿地,使得公共空间蔓延到曼哈顿城市肌理中。庭院和摩天大楼,两个相互独立、看似不太可能融合的空间,孕育出中庭式摩天楼。建筑中央的共享花园庭院的灵感来自传统哥本哈根城市绿洲,花园和奥姆斯特德(Olmsted's)花园有着完全一致的比例,只是缩小后像是一个盆栽中央公园。庭院的东边是绿树成荫的树林,西边是阳光普照的牧场。庭院由景观建筑公司斯塔尔·怀特豪斯(Starr Whitehouse)设计,树木品种和草坪草种类共达80种,其中47种为原生植物材料。

图 3-23　纽约曼哈顿西 57

(来源:世界高层建筑与都市人居学会官网)

6. 爱克瓦大厦(Aqua Tower)

芝加哥爱克瓦大厦由珍妮·甘(Jeanne Gang)设计,于 2009 年完工,在芝加哥最著名的建筑中是相对较新的建筑。引人注目的起伏阳台让人联想到瀑布,859 英尺(约262 m)高的酒店、公寓和共管公寓塔赢得了当时世界最高建筑的称号。但是这个荣誉很快将属于甘的最新项目,旁边 1 186 英尺(约 361 m)高的瑞吉大厦(Vista Tower)。大厦共 82 层,集酒店、办公室、公寓和停车场等功能于一体。它是芝加哥建筑中有着最大绿色屋顶的建筑之一,也是为数不多的在立面上营造社区氛围的高层建筑之一(图 3-24)。

爱克瓦大厦的原意是"水之塔",建筑借鉴了地形的特点,通过 4 项独立参数巧妙地塑造每一层楼板的形状,蓝色玻璃幕墙和每层形状、面积略有不同的波浪形阳台进行组合。利用建筑立面的塑造和阳台的功能划分,重新诠释了高层建筑中的

图 3-24　芝加哥爱克瓦大厦

(来源:作者拍摄)

人和周边环境的联系,提供给人们舒适的户外阳台和更多邻里之间的互动。

这座大厦借鉴了陆地地形的特点,被想象成由山丘、山谷和水池组成的垂直景观(图3-25)。大厦的绿色屋顶是芝加哥最大的屋顶之一,其特点包括节水灌溉系统。总体设计是对特定密度、环境和使用条件响应的累积结果。精细地塑造每一层楼板的形状,为人们提供了舒适的室外露台,也能欣赏芝加哥地标的景色。

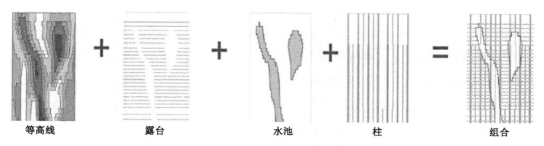

图 3-25 芝加哥爱克瓦大厦立面构思分析

(来源:甘工作室,作者改绘)

7. 克雷恩通信大楼(Crain Communications Building)

克雷恩通信大楼于 1983 年完工,共有 41 层。它不同寻常的设计包括倾斜屋顶和中心分割,使其成为芝加哥最独特的摩天大楼之一。它曾经是芝加哥的蓝精灵石大厦。它因为独特的、倾斜的、菱形的顶部,被大多数人称为芝加哥的"钻石大厦",也是芝加哥天际线最著名的特征之一。

该大楼是一座 41 层、582 英尺(约 177 m)的摩天大楼,位于美国伊利诺伊州芝加哥市中心北密歇根大道 150 号。作为芝加哥标志性的摩天大楼之一,它在风格上弥补了高度的不足。闪亮的白色外观与深色细条纹的窗户相得益彰。它也被称为石头集装箱大楼,由美国爱普斯顿父子国际公司(A. Epstein and Sons International,Inc.)设计。高层建筑顶部的 2 个尖顶覆盖了主屋顶和暖通空调设备。这座建筑尤为值得注意的是它闪亮的玻璃斜屋顶,斜屋顶在建筑上倾斜,导致屋顶呈菱形而不是传统的楔形。此外,"钻石"在中间被分隔了几层,使得屋顶上有 2 个三角形的尖顶,让建筑看起来非常独特(图 3-26)。

图 3-26 克雷恩通信大楼

(来源:作者拍摄)

3.3　高层建筑入口设计解析

3.3.1　高层建筑入口及细部设计

近年来,我国的城市新建了很多高层建筑,这些高层建筑改变了城市的空间特征,加快了我国的城市化进程,体现了现代建筑技术、文化和美学的魅力,给人一种视觉上的享受,有的高层建筑随之成了城市的标志性建筑。城市空间主要是由建筑空间所组成的,因而要实现建筑空间与城市空间的和谐与协调,首先就必须考虑由建筑空间向城市空间过渡及转换的过程,这是进行高层建筑设计与城市规划应当重点考虑的问题。高层建筑出入口是建筑设计过程中需要特别关注的环节,高层建筑出入口设计的焦点常在外观上,但高层建筑的整体设计需要考虑的因素较多,外观因素只是其中的一部分。在一些特定的地域,高层建筑整体设计需要特别关注建筑的抗震性和结构的合理性,因此留给建筑整体外观设计发挥的空间就会显得局限。但高层建筑的出入口设计作为建筑空间与城市空间的结合点,其底层出入口的设计便成了人们关注的重要方面。

1. 高层建筑出入口外观造型的设计

高层建筑的出入口设计,在外观造型方面应当尽量做到突出、有特色,尤其在功能和视觉感受上与一般的建筑具有很大的区别。在出入口外观造型设计方面,应避免千篇一律,尽量有创新和多样化,并在设计的高层中处理好与城市空间整体环境的融合,做到在统一中实现多变,并结合人性化的活动空间综合考虑。

2. 高层建筑出入口位置的合理选择

高层建筑出入口位置的选择,应当重点考虑建筑内部功能的安排和人流的方向,要尽量与人流的方向相一致,出入口的设计既要保证有足够的外部空间,同时还要具有一定的视觉观赏性,使其能在视觉上缓冲高层建筑所带来的空间压迫感,如图中芝加哥高层建筑入口广场设计及底层收进的手法(图3-27、3-28)。

3. 高层建筑入口设计手法

建筑入口是建筑的起点,不仅具有通行、疏散的功能,还起到引导、缓冲等作用,也是建筑的象征。其设计除要有明显的标识性和吸引力,同时也要实用且方便人们进出,设计要注重安全、防火、防雨等方面。

(1) 入口常见场地布置

建筑的入口一般都会附带小环境,因此场地设计的优化是必要的。在入口场地的设计中,要善于运用铺地、植物等元素,吸引人在此休息、驻足。

第三章　高层建筑造型及空间设计解析

图3-27　芝加哥某高层建筑入口广场　　　图3-28　芝加哥某高层建筑底层收进设计手法
（来源：作者拍摄）　　　　　　　　　　　　（来源：作者拍摄）

（2）高层建筑入口处空间的转换

入口常见缓冲空间，即高层建筑入口一般要留出半室外的缓冲空间，供人停留和遮风避雨（图3-29、3-30）。缓冲空间一般可分为雨棚和灰空间2类。灰空间即建筑中有遮蔽的室外空间，入口灰空间要尽量细化。在建筑中可以通过减法形成灰空间，而且最好和入口台基进行结合。通常灰空间尽量做大，尤其是主入口的灰空间，要容纳一定人流，可以通过折板、柱廊等手法进行细化设计。

图3-29　芝加哥医疗服务公司灰空间

（来源：作者拍摄）

图 3-30　纽约世贸中心 1 号入口雨棚

(来源:作者拍摄)

(3) 入口公共空间常见的设计元素

植物是最简单有效的设计元素,可用在场地的大部分区域,分为点状、条状、面状。点状植物可以无序分布,用作点缀;也可以形成序列,引导人流。条状植物可以起到引导和围合的作用。面状植物则可以用在大面积空地上,或在入口广场创造仪式感。

水景是重要的特色设计元素,它可以在入口处形成亮点设计。注意水景设计的位置,尽量出现在场地中比较重要的位置,例如主入口广场处、面向景观的区域等。

入口细节表达要利用好室内外高差。通过一些新技术可以消解室内外高差,在设计中最好通过这个表达来突出建筑素养。高层建筑室外空间设计可通过"上、中、下"3个垂直方向不同高度来处理。"上升"的室外退台设计应当注意将层数设置较少,达到最大利用率。"下沉"虽有优点,但适应性也有限,有时并不能达到预期的使用效果反而是个消极的场地。当下沉广场能结合周围地下交通时为最佳。"中层"一般即地面层,应用最为广泛,使用也最为方便,可以与人们产生亲切感。

图 3-31　芝加哥怡安中心改造前的景观和广场

(来源:作者拍摄)

以芝加哥怡安中心（Aon Center）的广场为例，改造前通过高差利用和水景设计（图 3-31、3-32），2021 年进行改造后，翻修反映了一种趋势，因此将重点放在室外空间。广场重建是这一战略的延伸。建设令人惊叹的新室外空间，将有助于将怡安中心员工带回办公室。广场改建将怡安中心前面的千禧公园绿化一直延伸到怡安中心的前门，并希望这里成为人们的聚集地，满足当前和未来租户的需求。这里成为一个人们放松和缓解压力的美丽空间（图 3-33）。

图 3-32　芝加哥怡安中心改造前入口水景利用

（来源：作者拍摄）

图 3-33　芝加哥怡安中心改造后的广场

（来源：https://rejournals.com/）

HGA 建筑设计公司景观设计师布里特·埃伦莱尔（Brit Erenler）表示："新的轻质斜坡地貌允许无缝过渡，消除公共和私人领域之间的界限，为聚会、咖啡厅座位、休闲时间和公园般的环境提供了机会。种植区在整个季节创造出不断变化的活力，并说明了广场下方现有基础设施的复杂性。"

除了精心融入绿地外，广场还设有声音雕塑，这些雕塑长期以来一直是怡安中心公共领域的一部分。最初的广场以艺术家哈里·贝尔托亚（Harry Bertoia）钟爱的声音雕塑为特色，这些艺术作品在广场也找到了永久的归宿，人们可坐下体验独特的声音。

3.3.2 高层建筑的系统规划及整体设计观

高层建筑设计要处理好建筑与内部各要素的关系，还要处理好建筑与外部要素的关系包括城市规划、街道、景观等。将高层建筑设计创作与环境保护紧密联系，也是当代建筑师的职责。

1. 规划布局及整体性设计

建筑的总平面规划是高层建筑设计的首要任务，场地的规划尤为重要，影响建筑整体的功能分布。高层建筑规划要结合基地周边规划及人流来源等，考虑建筑整体朝向，实现与周围建筑的协调统一，处理好场地人车流线关系，结合周边人文环境，融入城市环境。造型设计要别具一格，结合用地性质的规划，创造一个自然、亲切、绿色、有趣的空间环境。建筑平面布局上要结合外部流线，处理好内部功能分区，考虑建筑整体的业态分布情况，平面布局实现有趣、实用，内部流线简洁、清晰，处理好消防流线的关系，处理好高层建筑各层平面之间的关系以及流线之间的衔接。此外，建筑的宗旨始终是为人服务，因此"以人为本"的理念应是高层建筑设计的出发点，在此基础上，设计也要注重空间的多样性、趣味性等。在合理组织高层建筑的各功能和整体设计高效的同时，有效融合景观环境。

2. 新旧建筑在街道空间的融合

高层建筑设计可以以"街道"的理念来建设街区，应关注人与空间的互动、关注人车之间的关系，综合考虑城市功能、交通体系、慢行组织、公共空间、景观环境等因素，以提升街道活力为目标，制定合理布局方案，为街道提供连续舒适公共空间和人性化设施。发达国家早就开展了交通空间和公共空间的发展研究，积极探索通过高层建筑的综合规划重塑新旧高层建筑，以此带动街区复兴，并逐步在法律、政策上进行认定指导，制定完整的街道规划与设计导则，在打造活力街道及街区方面取得了显著的成效（图3-34、3-35、3-36）。

3. 多样化空间和生态景观设计

设计师应研究高层建筑各功能空间赋予人们的感受，结合人的行为模式，营造更为舒适的居住空间、商业空间以及办公空间等。在垂直空间的处理上要力求使空间更丰富，例如空中纵横交错的连廊有效加强了建筑内部的联系且使竖向空间上形成交错感。空间通过引导要让人们在其中有不同的体验，享受在该环境中游历的感觉。例如屋面设计大片的绿色空间作为人们的活动空间，同时与景观相结合，丰富了绿化的形式。它不仅使人们的交流成为可能，凭借可供人们参观的屋顶景观也架起了高层建筑与大自然之

图 3-34　芝加哥街道新旧高层建筑　　图 3-35　纽约街道新旧高层建筑　　图 3-36　波士顿街道新旧高层建筑

图 3-37　芝加哥怡安中心屋顶花园　　图 3-38　芝加哥某高层建筑的屋顶游泳池

（图 3-34～图 3-38 来源：作者拍摄）

间的桥梁（图 3-37、3-38）。

4. 高层建筑作为城市基础设施和活力的延伸

高层建筑设计要结合各项节能技术，实现建筑在采光、通风、污水处理、雨水收集等各个方面的节能应用。设计应更加推崇绿色建筑理念以及运用新材料、新技术、新设备、新工艺等，以塑造出优美的建筑造型，并以此为文化特色、表达艺术情趣与时代气息已成为一种审美时尚。

以纽约哈德逊城市广场（Hudson Yards）为例，它远不止是高楼和空地的集合。它将成为 21 世纪城市体验的典范；建筑、街道、公园、公共设施和公共空间的空前融合，将形成一个相互连接、反应迅速、干净、可靠和高效的社区。项目的最高建筑是由 KPF 建筑设计事务所设计的 30 号，高度为 387 m。项目利用大数据来创新、优化、增强和个性化员

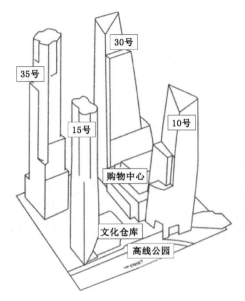

图 3-39 哈德逊城市广场示意

（来源：作者改绘）

工、居民和访客体验。在先进技术平台的支持下，运营经理将能够监控到交通模式、空气质量、电力需求、温度和行人流量的环境和谐的社区。

不对外开放的基础设施分裂了城市，但哈德逊城市广场却为分裂区块的重新连接提供了一个机会。设计师们需要解决的问题包括如何应对道路坡度的变化，如何在平台上建楼，以及怎样调整超高密度和尺度，以便让平台成为在经济上切实可行的项目。

尽管哈德逊城市广场的高层建筑在高度上接近曼哈顿的塔楼，但其建筑底部加入了各种设计元素，旨在调整塔楼和周边低矮建筑的比例，激发周边街道的活跃度，为周围的街区注入活力，并为广场中心的景观广场和花园增加更可能多的开放空间（图 3-39）。

3.4 我国高层建筑造型设计及案例

20 世纪 80 年代，经济发展和主要城市中心人口的快速增长引发了大规模的建设热潮，城市发展需要总体规划和土地再开发。北京、上海和广州是第一批实施新的战略总体规划的城市，原因是复杂建筑和基础设施项目建设需求激增。建筑如何满足快速变化的社会需求和愿望得到人们的关注。中国城市在 20 世纪 90 年代蓬勃发展，对设计、结构和规划的需求也随之增长。例如 SOM 建筑设计事务所设计的最引人注目的项目是中国工商银行北京总部和上海金茂大厦。中国工商银行北京总部的石材底座、钢结构框架、玻璃立面和巨大的屋顶的灵感均来自历史形式，设计师创造性地将传统中国元素融入现代建筑的表达中。技术创新也与建筑密不可分：钢框架结构是中国首个此类结构，预示着钢建筑行业的发展。SOM 建筑设计事务所以中国文化为主题设计这座建筑。按照北京古城沿着中轴线分布的布局网格，建筑的方形外围将它导向市区和大街，外部的梁柱式幕墙和弧形飞檐展现出中国建筑传统的底蕴。金茂大厦在上海落成，该建筑体现了一种设计理念，即将当地的文化输入转化为现代的超高层建筑表达。这种文化多元性被巧妙地与众多技术复杂性的超高层设计结合在一起，包括一个具有表现性的外墙，在统一的玻璃幕墙上使用精致的纹理遮阳元素,以及中国第一个巨型柱和支腿桁架系统。该建筑展示了它如何将历史和当地文化的多元性与卓越的结构和设计相结合。进入21世纪,高层建筑设计展示了对建筑形式、环境和城市区位之间关系的深思熟虑。紫峰大厦建成于2009年,是古都南京标志性的超高层工程,在设计和施工方面,充分利用了现有地域优势,体现了工艺上的创新,高度清晰的立面由锯齿状的幕墙组成,提供了令人难忘的龙的视觉印象。

随着计算机技术的飞速发展,信息技术和参数化技术也在我国SOM建筑设计事务所项目的发展中得到了广泛应用。南昌绿地地块A项目(建成于2015年)通过计算机辅助设计,使建筑外观更加优化、合理化。这种技术有助于减少所需墙板类型和尺寸的数量,同时在这种规模的高层建筑中率先使用冷弯玻璃。成熟的计算平台允许探索经过精细化和合理塑造的形式,从而更具体地响应场地和经济约束。

为了使建筑在城市中成为一个真正充满活力的拥有多功能设施的综合体,高层建筑需要在标准功能(办公室、住宅、酒店)之外进行创新,这些功能可能占全球高层建筑的绝大部分。相关研究不仅产生了许多创新的高层建筑形式,而且还产生了相应的高层建筑功能,例如:垂直农场帮助缓解农业的环境问题;运动功能,如外墙遮阳板兼作攀岩墙或游泳池用作质量调节阻尼器;垂直"含水层",通过最大限度地收集和回收雨水,以帮助解决日益严重的全球水资源减少灾难;垂直城市太阳能和风电场等。

诸多高层建筑设计经验进一步验证了综合多学科设计方法的潜力。北京大望京保利国际广场(2016年完成)是建筑与工程学科相结合的典范项目。在整个过程中,高度集成的建筑系统被证明是独特的建筑形式所固有的。外部热围护结构以及包围在第二个玻璃内部围护结构内的办公空间,在中间创造了日光下的公共区域。这些区域不仅容纳会议和促进社会互动,而且还允许楼层之间的流通和视觉连接。

3.4.1 深圳华润总部(CR Group Headquarter)

华润集团总部大厦位于深圳后海中心区核心位置,大厦地上66层,地下5层,建筑高度约为400 m(计至塔尖),66层楼面高约331.5 m。建筑及周边复合功能服务性配套区的总体规划由KPF建筑设计事务所完成;设计以春竹的形式为典型的天际线增添了活力,寓意着进取、突破与无限生长。同时外圆内方的形制,放射性对称的布局,也是东方文化中"方圆规矩"的写照。大厦通过地下与公共交通联系使建筑融入周边环境,公园转过玻璃展厅进入下沉广场,连接起办公大厅夹层、博物馆、零售区域、演艺厅和礼堂;室外柱子进一步强化了建筑的垂直性和锥形的雕塑感(图3-40)。

建筑采用"密柱钢框架—核心筒"结构体系,未设加强层,核心筒剪力墙整体内收距

图 3-40　华润集团总部大厦

（来源：世界高层建筑与都市人居学会官网）

离达到 3.2 m，呈 8°倾斜。建筑底部设置了一系列入口，顶部设置了一系列汇聚于 1 个尖点的环形平面，采用多面三角形玻璃面板，塔顶是 1 个单件式组装的不锈钢塔尖；梁柱节点采用完全偏心的节点连接方式，打造 100% 无柱的建筑内部空间，同时与建筑和幕墙融合；结构体系沿塔楼的核心布局退台，完善了核心布局的一体性。

3.4.2　南京德基广场

南京德基广场是新街口地区的城市综合体，具有多元性与复合性特征，总建筑面积约 25 万 m^2，塔楼高度为 324 m。作为高端商业的综合购物中心，其裙楼设计商业模式为商铺、主题商店、美食广场、娱乐设施等，主楼是集高档酒店式公寓、商务办公为一体。南京德基广场建成后即为新街口核心区的地标建筑，作为一种新的商业空间形式，它将丰富而紧凑的建筑空间、丰富而多样的消费内容、复杂而便捷的交通体系、密集而多元的消费人群、深厚而引人的城市文化融合为一体，重新整合了新街口商圈的传统商业构架，扩充了更大范围的商业空间，提供了更多的消费体验，从而增强了城市的商业魅力（图 3-41）。德基广场地下部分与地铁新街口站相连通。该项目分为一期和二期两部分。

3.4.3　腾讯滨海大厦

腾讯滨海大厦（Tencent Seafront Tower）包括南塔楼、北塔楼和 3 条连接两座塔楼并在内部设置共享配套设施的"连接层"。两塔楼间相互连接，象征着因特网各个遥远角

图 3-41　南京德基广场

（来源：作者拍摄）

落的连通，以一种更富有效率的方式将腾讯公司员工连接。设计亮点还包括 3 个连接两座塔楼的"天桥"（连接层），每个连接层都有特定的主题，这些公共空间是 2 座塔楼的员工进行社交、互动的主要场所。例如 22～25 层的中层连接层的设计主要以健康为主题，包括体育、社交、医疗和会议等设施，可进行社交活动、体育锻炼等，促进员工的身心健康。健康链的中庭采用峭壁式设计，通过集中式天窗将新鲜空气和自然光线引入室内。35～37 层连接层的主题为知识链，由 4 个楼层组成，为员工提供知识共享与交流的空间，其中的"腾讯学院"环绕自然采光的中庭布置，中庭底部引入了室内绿植，成为既能净化空气，又可放松身心的"绿洲"（图 3-42）。

图 3-42　腾讯滨海大厦室内

（来源：世界高层建筑与都市人居学会官网）

设计将垂直社区的概念融入以充分体现腾讯独有的社群文化。垂直社区为员工提供了各类工作和休闲设施且符合人体工学的大楼,既是生活空间,也是社交场所,如此多元活力的办公环境符合他们的生活和社交方式(图3-43)。该设计的另一亮点是将塔楼的被动能源效率最大化以应对中国南方炎热和潮湿的气候。

 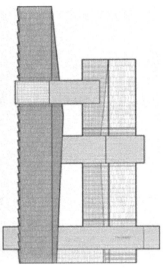

图3-43 腾讯滨海大厦

(来源:左图来自腾讯滨海大厦官网;右图来自世界高层建筑与都市人居学会官网)

参考文献

[1] 世界高层建筑与都市人居学会(CTBUH). 高层建筑与都市人居环境04:哈德逊城市广场[M]. 上海:同济大学出版社,2016.

[2] Mierop C, Binder G. Skyscrapers: higher and higher[M]. Paris: NORMA, 1995.

[3] Binder G. 101 of the world's tallest buildings[M]. Mulgrave: Images, 1995.

[4] 陈波,曾毓隽. 论场所的时间维度与结构维度[J]. 艺术教育,2011(4):155-156.

[5] 刘松茯,陈苏柳. 伦佐·皮亚诺[M]. 北京:中国建筑工业出版社,2007:67.

[6] Wood A, Bahrami P, Safarik D, et al. Green walls in high-rise buildings: an output of the CTBUH Sustainability Working Group[M]. Mulgrave: The Images Publishing Group Pty Ltd, 2014.

[7] Wood A, Salib R. Natural ventilation in high-rise office buildings: an output of the CTBUH Sustainability Working Group[M]. New York: Routledge, 2013.

[8] 世界高层建筑与城市人居学会(CTBUH). 高层建筑与都市人居环境12:连接城市[M].

上海：同济大学出版社，2017.

[9] 世界高层建筑与都市人居学会（CTBUH）.高层建筑与都市人居环境 08：巨型城市[M].上海：同济大学出版社，2016.

[10] Antony W. Rethinking the skyscraper in the Ecological Age：design principles for a new high-rise vernacular［J］. International Journal of High-Rise Buildings，2015，4（2）：91-101.

[11] 冯刚.高层建筑课程设计[M].南京：江苏人民出版社，2011.

[12] 卓刚.高层建筑设计[M].3 版.武汉：华中科技大学出版社，2020.

[13] 世界高层建筑与都市人居学会（CTBUH）.高层建筑数据统计[M]//世界高层建筑与都市人居学会（CTBUH）.高层建筑与都市人居环境 03：欧洲中央银行.上海：同济大学出版社，2016：46-47.

[14] 中华人民共和国住房和城乡建设部，中华人民共和国国家质量监督检验检疫总局.建筑设计防火规范（GB50016—2014）[S].北京：中国建筑工业出版社，2018.

第四章
高层建筑总体布局与交通组织

4.1 高层建筑总平面组织与城市交通

随着城市化的进一步发展和人口增长,预计城市地区将增加25亿人口,其中近90%发生在非洲和亚洲。为了适应这种密度增长的趋势,我们的城市环境不仅在水平方向上扩张,而且在垂直方向上扩张,高层建筑的建造不应该只考虑其外形和建筑高度,应该更多考虑的是城市空间环境和人居生活质量,而这些则与高层建筑与场地环境的协调情况密切相关。高层建筑与其场地之间的协调问题的对应策略,以最大程度上减少高层建筑对城市环境的破坏并尽可能使高层建筑促进城市环境的保护,力求真正创造出一种健康安全的生活方式。例如20世纪80年代香港在商业中心发展从综合高架行人网络到由自动扶梯和人行道组成的新的综合地下和高架的行人网络。高架空间日益具有吸引力的另一方面是,城市地区道路上的汽车数量在稳步增长,与行人争夺空间。行人和车辆交通之间的冲突是城市交通发展的一个主要问题,架空行人天桥或空中天桥表明了城市正寻求城市中行走的可行性。随着城市追求集约化,刘少瑜等定义了多重密集土地利用(Multiple and Intensive Land Use,MILU)开发模型,该模型描述为分布密度和土地利用的挤压三维模型,并与地面以下公共快速交通、地面车辆交通和地上架空通道垂直分层相结合。

高层建筑总平面组织要充分考虑基地内交通设施的平衡与分配,重点考虑以下内容:一是交通流线特征,即高层建筑(群)的人流、车流、物流特征以及道路交通体系;二是交通设施的分配与平衡,即停车量与建筑面积之间的比例,停车方式以及地面和地下停车的比例,清晰划分人行道、非机动车道、机动车道、混用车道等;三是在城市规划建设条例和规划建设要点的指引下设计合理的容积率、绿化率、停车位、相关的配套设施、建筑整体风格及高度等内容。

高层建筑与城市交通系统的衔接优劣可将城市公共交通系统中多样的人流、车流快速、便捷、有效地引入建筑基地，同时也将基地中的人流、车流疏导至城市中，则城市公共交通系统的内容和类型就要有与之适应的空间模式。伴随着城市公共交通系统立体化和多样化的发展，体现在以下3个方面。

（1）城市规划及规范要求

高层建筑与城市交通的连接模式在设置时要满足来自城市规划、消防、法令法规方面的要求，如机动车出入口至道路交叉口的距离、消防车道和地下车库设置具体要求等。

（2）城市公共交通系统

城市公共交通系统包括步行交通系统和车行交通系统。交通流线组织时立体分流地面人流、车流，例如建筑与交通连接中通过开敞竖向交通设施和立体广场来实现地面人流、车流的立体分层组织。

（3）基地周边道路和交通环境

周边道路的数量、交通通行能力、城市道路等级、单双行的方向性、步行街对车辆的限行等都影响着出入口的设置。基地周边交通环境的客观因素包括基地所处的自然条件状况以及与周边环境的关系等。不同气候、日照、采光、朝向、地形地质条件下入口形态须区别处理，而周边道路、交通组织、相邻建筑也会对建筑出入口造成较大影响。

4.1.1　高层建筑与城市交通的紧密融合

1. 绿色低碳的交通设施与高层建筑设计

无论是何种类型的城市，都需要创新的、代表未来的交通方式。人们急需绿色出行方式，创造一个零排放的生态系统、减少世界对化石能源的依赖成为必然趋势。高层建筑设计更多关注新的交通技术如何改变城市、如何产生更多可能性让交通基础建设和高层建筑设计有机结合，打造可持续发展的城市及更环保的未来出行方式。通过打造三维立体城市空间，不同层面上布局不同功能，交通动线垂直化以及扶梯及电梯实现换乘，各类交通与物业无缝连接提升便利性，以期在不增加交通的前提下达到最大的密度和混合度。

交通不便某种程度上导致了人际间的疏离和孤独，而技术正在打通城市的每个角落，让人们的生活变得更加亲近和友好，拉近人与人之间的距离。现有交通成为人们生活和工作的黏合剂，接续了自然的能量。多种相邻的交通方式整合到城市高层综合体中，新建的办公、商业和公共空间直接连通可服务于火车站、城市公交和有轨电车系统等重要同城交通线。高层建筑与交通站点紧密的内在联系，提供了丰富的可达性，让开发项目的效果倍增。例如旧金山市将环湾区转变为复合功能、以交通为导向的可持续发展模式。经过十余年的多方联动，老汽车站及高架匝道被拆除，一座先进的综合交通枢纽取而代之，在重新整合的地块上拔地而起，并从无到有地创造出全新的充满活力的多功能城市环境,即一个由十几座新开发项目组成的新街区。

2. 高层建筑的规划设计与以公共交通导向的开发模式

随着轨道交通的迅速发展,以公共交通发展为导向的开发模式(Transit-Oriented Development,TOD)的建设规模迅速提升,这种集约型的开发模式在升级交通枢纽的同时,将站与城紧密连接,更多的步行空间被提供,绿色出行成为居民首选,而基础设施、政策和技术的创新正在帮助人们创造一个便捷、链接、社区友好和可持续的未来。

图 4-1 芝加哥高层建筑与城市立体交通的组织
(来源:作者拍摄)

该模式的服务目标不仅是针对项目本身,更是以完善的姿态与城市相融合,试图通过高效便捷的路网设计、快慢结合的场景转换、错落交织的资源整合,以及更新迭代的物业服务,满足站城枢纽的多元需求。规划启动前就要确立整合原则,发挥交通建设、城市建设与生活服务便利的整合优势,成为 TOD 创新的关键。芝加哥通过高层建筑与城市立体交通的组织(图 4-1),提高了高层建筑及其周边公共空间的可达性、安全性和品质,让城市所有居民和劳动者受益。

该模式整合红线内的社区、商业办公、配套以及红线外的交通、道路、绿地、广场、设施等资源,可以充分发挥土地和公共交通的使用效率,激活区域活力。尤其是规划按照 15 min 生活圈范围进行设计和配置,以 1 000 m 为半径建立地铁车辆段上盖的高层建筑,力求实现把生活半径缩小,高效便利地满足生活需求。为实现该目标,路网规划非常复杂和多元,对内有完善的步行体系,对外在地面交通市政化的同时,通过连接设施使得各个业态得以提升效率,让社区充满生机活力。

高层建筑是高密度城市对高效率、集约化追求的产物。它处于建筑与城市之间的过渡状态,有机结合了丰富的功能空间。正如美国社会学家雷·奥尔登伯格(Ray Oldenburg)提出的"第三空间",高层建筑融入了包括城市的咖啡馆、图书馆、商场等公共空间,这些空间将各种不同背景不同想法的人连接起来,从而实现跨界对话交流,让城市更显活力。高层建筑以连接、开放、复合等理念,融汇更多的城市功能、艺术人文和自然环境等要素,成就多样、丰富、交错、混合的共享城市,让不同年龄、喜好、性格的人群能在这种汇聚中发现、认识和创造城市新生活。它不是单体建筑的简单放大,而是在有限的城市用地上对人类社会生活与空间环境的高度聚集,同时作为城市的缩微体也能够节省公共设施的投资,提高土地的利用率,并向城市提供公共活动空间,在城市发展中具有重要的意义。但高密度的发展和多功能的复合必然为高层建筑带来大量复杂交叉的交通流线,它的设计对保证建筑各功能的便捷使用、维护生产生活的正常秩序起到至关重要的作用,因此交通组织设计成为高层建筑设计中需要解决的关键问题之一。

4.1.2 高层建筑底部公共空间与城市交通的衔接与转换

当使用者通过入口进入超高层综合体,将在裙房底部区域发生交通衔接和组织转换。转换端将来自各方向入口的人流汇聚起来,再把他们输送至垂直交通空间(核心筒、电梯、扶梯)。高层建筑的各个入口相当于转换端的起点,在此处发生人群从城市到建筑的转换;垂直交通空间相当于转换端的终点,在此处发生接驳动线从水平到竖直的方向转换。

1. 以厅堂和下沉广场为要素的组织

将不同入口的使用者进行水平集中,再转换至垂直交通空间的模式。集中转换空间具有多种优势。一方面,从不同方向、不同交通方式而来的人群在此空间汇聚,能够提升接驳效率和空间利用率。另一方面,立体广场(下沉广场或屋顶广场)能一次性解决不同的交通分流,利用下沉和上升的标高变化组织人流、车流的立体化分层;对于高层建筑,有利于组织多样性的活动,并将自然、生态的景观要素重新引入其中,给广场和周围环境增添活力和生机。①与大厅相结合:高层建筑的大厅从交通空间拓展为具有向心性的场所,激发了城市活动的可能性。②与下沉广场相结合:当高层建筑位于气候较为适宜的区域,可将大厅与下沉广场融合进行组织,将不同方向的人流汇聚至下沉广场,再通往垂直交通空间。

南京国金中心(IFC)坐落于河西新区地铁元通站,负1层与地铁无缝对接,连接地铁2号线和10号线。项目由KPF建筑设计事务所设计,包括两幢世界级水准的地标办公楼和高档购物商场、五星级酒店等;3栋楼的高度分别为290 m、198 m和168 m。设计时将广场和建筑作为一体来考虑,可通过下沉式广场与景观进行联动设计,并减少对景观的影响(图4-2)。此外,通过自然通风、采光,可以减少后期物业维护费用。

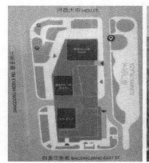

图4-2 南京国金中心总平面示意及下沉广场

(来源:作者拍摄)

2. 以公共街道为要素的组织

将不同入口的人群以街道的形式相互串联,同时在街道中实现垂直交通的转换。与前面组织方式的集中化不同,街道是将入口空间和垂直交通空间点与点相连成线,让每个散落的点通过街道的动线设计相互连通。大量的人流量能够激活街道的商业效益且从交通动线拓展成为商业动线,充分发挥了功能价值。

上海中心场地规划与交通组织中,裙楼总体布局为1~5层为会议中心。地下2层~地上4层的地下商场体现了垂直城市的设计理念,有品牌零售、汽车展示、商务休闲餐饮、未来银行、咖啡、文创等多种业态。地下2层的公共大街长约340 m,最宽处约15 m,将上海中心与金茂大厦、上海环球金融中心、九六广场等相连通,使陆家嘴核心区高楼群除在路面、人行天桥外,更在地下实现"根系连接"。3台观光电梯可从地下2层直达118层观光厅(图4-3)。

图4-3 上海中心场地

(来源:作者拍摄)

3. 以中庭或边庭空间为要素的组织

将不同入口的人群汇聚至一个竖向空间,在垂直方向上贯通,并在此进行垂直交通的转换。由此形成了上下贯通,突破单层的空间限制,集人群接驳、室内流线、公共服务功能为一体,成为建筑的核心空间。同时,中庭的开敞性也增强了视线的互通性,在提升接驳效率的同时也优化了接驳体验。北京丽泽SOHO的中庭作为新商业区的公共广场,连接了建筑内的所有空间,扭曲的雕塑形式提供了不同的景观,为北京创造了一个直接连接到城市交通网络的奇妙新城市空间。扎哈·哈迪德建筑事务所在地下设计时配套有储物柜、淋浴设施的自行车停车位和电动车专用充电车位。这座高45层的塔楼,提供了灵活高效的甲级办公环境,满足了各种类型企业的需求。项目位置附近规划有五条地铁线路交会,一条地铁隧道从建筑所在场地下穿过,将场地沿对角线一分为二。因基地版块跨立在地铁线路之上,因此设计为两个流线型单塔结构,将其体量一分为二,功能组成更加多元,复合程度更高,由办公、会议、避难、下沉庭院、零售构成,且与场地周围的地上地下交通完美融合。

4.1.3 高层建筑与城市立体交通及步行网络的连接方式

高层建筑空间作为城市空间结构的有机构成部分,处理好其交通空间与城市交通空间的衔接关系是首要问题。高层建筑在生态破坏、土地缺乏以及科技进步等因素的相互作用下,逐渐成为立体化复合化的"垂直城市",即强调其作为城市空间环境的垂直延伸,应采用垂直性的城市设计思路和方法来重新审视高层建筑未来的发展和演变。与此同时,它被当成一个功能完备的微型城市,广场街道、社区邻里、景观花园等城市要素都被主动融入其中。

1. 城市交通的立体衔接

交通作为城市功能的重要组成部分,起着联系城市各种要素、确保城市有效运行的重要作用。传统的高层建筑与城市的交通联系方式主要在地面层水平方向上展开,通过入口门厅和室外广场与整个城市进行交通转换。然而随着高层建筑规模的扩大化、集群化,功能的复合化,人员流线的复杂化,与周边环境关联的一体化,传统的交通组织方式已经不能满足现代高层建筑与城市多元的联系需求。

现代高层建筑内部都有独特而流畅的交通组织流线,以确保建筑本身各种功能的合理运转。如何将高层建筑自身的交通流线与城市的交通体系无缝衔接,形成高效通畅的城市交通网络尤为重要。现代高层建筑犹如立体化的城市街区,为了更加高效地建立不同人群与各自目的地的交通联系,可将多形式的城市交通引入高层建筑内部,多层次、立体化的城市交通方式与建筑内部流线的衔接成了高层建筑与城市最为有效的交通组织方式。在这种模式下,二者的交通分别从地下、地面和空中分层展开,按照不同的标高要求,立体化地组织汽车、行人和轨道交通,使其与建筑内部的不同部分相互连接,构筑便捷高效、有机综合的立体交通网络。

高层建筑与城市的立体交通体系相比传统的交通网络有着巨大的优点,也更能适合现代城市复杂而庞大的交通需求。立体化的交通网络从地下、地面和空中3个层次组织交通,能够最高效地利用城市空间,同时接驳多种交通方式,分流各种目标人群,形成清晰明确的交通流线,积极有效地组织人流与交通方式之间的换乘,实现高层建筑与城市的完美衔接,因而在目前的条件下是一种效率最高、可承载流量最大、最为便捷的交通连接方式,对高层建筑与城市的可持续发展也具有十分积极的作用。

美国旧金山环湾再开发区新建高层建筑采用多联式交通系统给区域振兴带来了明显的影响(图 4-4)。客运中心成为 11 个区域性公交系统和街道级市政公交服务的枢纽,地下隧道连接了区域性的通勤铁路系统和高铁服务，服务扩展至整个加州。市政府致力于将公交保留在城市中心，减少了通勤者对汽车的依赖，并催生可持续的、方便行人的健康发展。其关键点在于新开发项目与周边城市环境的充分融合，以及公共空间之间建立的强有力的空间联系。随着匝道的拆除整合，城市肌理的连续性得以恢复，北部中央商务区与南部滨水区重新连接起来，且释放出多个可建设用地，为城市的再生长和活化提供契机。

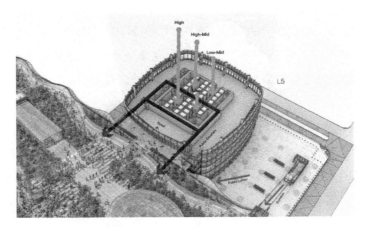

图 4-4　旧金山环湾再开发区高层建筑与城市交通的组织

(来源：佩里事务所官网)

2. 城市的空中步行网络

城市的空中步行系统作为整合城市空间的方式，也是高层建筑与城市立体交通网络的重要组成部分。由于早期的高层建筑强调各自的独立性，城市空间被建筑分割，人们在其中行走时往往会被道路阻隔，公共空间乏味且缺乏连续性。近年来，随着生态意识的提升，人们开始从街区层面整合城市空间，使之趋于立体化，建筑空间与城市在空中、地面、地下多层次对接，形成完整的步行系统，增强了城市空间的连续性和趣味性，并促进了城市的可持续发展。例如很多城市的高密度商业区已建成了完善的高架行人通道系统，有效分流了交通流量，缓解了城市核心金融及商业区的交通压力，并使得连接后的城市空间完整而有趣味性。再如通过连续的行人通道，提升整体活力和效率，促进整个区域的可持续发展。但高层建筑与城市空间的多层次衔接以及在建设高效、可持续发展的城市和高层建筑方面，依然任重道远。

六本木新城是日本最大规模的城区开发项目，也是继银座、新宿等著名商业中心后，东京又一世界级的都市中心综合体。六本木以打造"城市中的城市"为目的，以办公大楼森大厦（Mori Tower）为中心，集办公、住宅、商业设施、文化设施、酒店、豪华影院和广播电视中心为一体的超大型建筑综合体。六本木新城在规划时就将人的流动放在第一位来考虑，并以垂直流动线来思考建筑的构成,使整体空间充满了层次变化感。以森大厦为首,他们希望创造一个"垂直"的都市,将都市的生活流动线由横向改为竖向,建设一个"垂直"的而不是"水平"的都市,以改变人们的居住与生活行为模式,如学校、图书馆、俱乐部、瞭望厅等,垂直空间与高层建筑功能的复合化关系,不仅提高了建筑的使用效率和生活的便利性,还通过环境生态化和空间多样化设计,使高层建筑更符合现代化城市发展需求。

3. 高层建筑底层空间的交通组织

在与城市的立体化交通体系中,高层建筑的底层空间作为建筑与城市交通体系的连接枢纽,是解决好建筑与城市交通联系的关键所在。现代高层建筑往往通过扩大底部公共活动空间的方式,结合庭院绿化和叠水,形成下沉广场、入口广场和底层架空等形式,实现城市空间与高层建筑之间的过渡,同时以这个公共空间为中心,可采用多个出入口和立体化的方式组织交通的连接。

以南京国金中心(IFC)为例,因位处河西重要交通枢纽,坐享交通优势,作为南京地铁站上盖综合发展项目,南京国金中心地下车库与2号线、10号线接通。其地下层与地铁车站相通并连接地下的大型停车场,地面层结合下层广场组织行人和机动车出入(图4-5)。南京金鹰世界位于南京市建邺区河西新城云锦路与江东中路高架之间,是南京乃至华东大型的购物生活中心之一,周边的高架交通有效疏散了地面的机动车流,这种分层方式较好分流了建筑的地面交通,行人、车辆的通行便捷、高效且互不干扰,形成了与城市的立体交通网络(图4-6)。

图4-5　南京国金中心

(来源:作者拍摄)

图4-6　南京金鹰世界

(来源:作者拍摄)

4.2 高层建筑地下车库的要素与设计

4.2.1 车库的分类及地下车库的配建

1. 车库的分类

地上停车库指建于地面一层的停车库(底层架空或者有围护结构)(图4-7)。地下汽车库指室内地坪面低于室外地坪面高度超过该层车库净高1/2的汽车库(图4-8、4-9)。半地下汽车库指室内地坪面低于室外地坪高度超过该层车库净高1/3且不超过净高1/2的汽车库。高层汽车库指建筑高度超过24 m的汽车库或设在高层建筑内地面层以上楼层的汽车库。机械式汽车库指采用机械设备进行垂直或水平移动等形式停放汽

图4-7 曼谷某高层住宅地上停车库及停车坡道

(来源：作者拍摄)

图4-8 深圳建科院大楼地下车库入口　　图4-9 南京德基广场地下车库入口

(来源：作者拍摄)

车的汽车库。敞开式汽车库指任一层车库外墙敞开面积超过该层四周外墙体总面积的25%,敞开区域均匀布置在外墙上且其长度不小于车库周长的50%的汽车库。

2. 地下车库的配建标准

高层建筑停车库车位的合理配置不仅关系到建筑内部的交通承载量,同时影响到周边城市道路交通的顺畅出行。尤其是高层综合体,因有办公、酒店、商业、居住等多样性功能,需要实现地下车库的共享。建设项目停车配建指标按照人口规模、土地开发强度、机动车保有量、公交服务水平和交通政策等因素制定,进行分区管理、合理布局。停车配建指标可以实行分区域差别化管理,不同管理分区内建设项目配建停车场(库)应按所在管理分区配建指标进行规划建设。

随着我国机动车数量的快速增长,停车难问题日益突出。为适应新时代发展要求,加强建筑物配建停车设施的规划管理,缓解停车难问题,合理确定停车位配建标准,促进城市交通高质量、可持续发展。不同城市都制定了地下车库的配建标准,例如厦门市、南京市等(表4-1、4-2),用于指导城市建设用地机动车、非机动车停车位的配建,将重点放在"缓解停车供需矛盾"上,为不同类型建筑提供更科学的配建指引。同时定期对停车位配建标准进行优化调整,对接国家、省、市最新政策和标准要求,借鉴国内同类城市先进经验,防止"一刀切"式管控,近年来一些城市还明确了新能源汽车停车位。

表4-1 厦门市机动车标准车位配建指标(部分公共建筑)

建筑物类型			计算单位	机动车指标
旅馆	四、五星级		车位/间客房	0.6~0.7
	一至三星级			0.5
	一般旅馆			0.3
办公	商务办公		车位/100 m² 建筑面积	1.0
	行政办公	涉外窗口		2.0
		市级		1.2~1.5
		其他		0.6~1.2
	其他办公			0.6
商业	零售商业、餐饮、娱乐		车位/100 m² 建筑面积	0.8~1.0
	生鲜超市中心店			0.8

(资料来源:厦门市自然资源和规划局官网《厦门市建设项目停车设施配建标准(2020版)》)

表 4-2 南京市机动车标准车位配建指标(部分公共建筑)

建筑物类型			计算单位	机动车指标			
				一类区		二类区	三类区
				下限	上限	下限	下限
饭店、宾馆、培训中心			车位/客房	0.4	0.5	0.5	0.5
办公	行政办公	拥有执法、服务窗口的单位	车位/100 m² 建筑面积	1.2	1.5	1.8	1.8
		其他	车位/100 m² 建筑面积	0.8	1.0	1.0	1.2
	商务办公		车位/100 m² 建筑面积	0.8	1.0	1.0	1.2
	生产研发、科研设计、物流办公		车位/100 m² 建筑面积	0.8	1.0	1.0	1.2
	配套办公管理用房		车位/100 m² 建筑面积	0.6	0.8	0.8	1.0
餐饮娱乐	独立餐饮娱乐		车位/100 m² 建筑面积	2.0	2.5	2.5	3.0
	附属配套餐饮娱乐		按独立餐饮、娱乐指标的 80% 执行				
商业	中小型商业设施(50 000 m² 及以下)		车位/100 m² 建筑面积	0.5	0.7	0.8	0.7
	大型商业设施(50 000 m² 以上)、大型超市		车位/100 m² 建筑面积	0.8	1.0	1.1	1.3
	配套商业设施(小型超市、便利店、专卖店)		车位/100 m² 建筑面积	0.25	0.35	0.4	0.6
	专业、批发市场		车位/100 m² 建筑面积	0.5	0.7	0.9	1.0

(资料来源:南京市规划和自然资源局官网《南京市建筑物配建停车设施设置标准与准则(2019 版)》)

4.2.2 车库的坡道形式

车库有机动车库、机械式机动车库和非机动车库。车库选址应符合城镇的总体规划、道路交通规划、环境保护及防火等要求;应注重节地、节能、节材的方针,以利于节约建设投资,实现绿色设计。

停车库有单层、多层、高层和地上、地下之分。单层车库相对来讲比较简单,多层车库因坡道设置方式不一,变化较多。车库出入口可分为平入式、坡道式、升降梯式 3 种类型。平入式主要指机动车由室外场地直接进入停车空间的一种形式,出入口可采用直线坡道、曲线坡道(螺旋坡道式为特殊形式)和直线与曲线组合坡道,其中直线坡道可选用内坡道式、外坡道式。它们各有优缺点,适用于不同场合,根据基地形状和尺寸及停车要求和特点选用。

总结国内外已有的成熟设计,停车库按汽车坡道可分成平楼板式、斜楼板式和错层式等,并可变异组合为多种形式。

停车库按停车方式的机械化程度可分为普通车道式和机械式。机械式停车库的汽车专用垂直升降机有液压式升降平台、液压式电梯和设有备用电源的电梯等类型,适用于不同场合,可根据机动车的外形尺寸、重量及停车要求和特点,并考虑使用的安全性进行选用。

平楼板式由水平停车楼面组成,层间用直接坡道相连,连接坡道可设于车库内外,车库布局简单整齐,交通路线明确,但车位占地面积较多(图4-10、4-11)。

斜楼板式停车区域(sloping-floor parking area)为各停车层楼面倾斜,并兼作楼层间行驶坡道的停车区域。图4-12为斜楼板式停车区域的一种。

错层式停车区域(staggered-floor parking area)将各停车层楼板标高垂直错开半层,形成两部分停车区域,它又可分两段式和三段式(图4-13)。

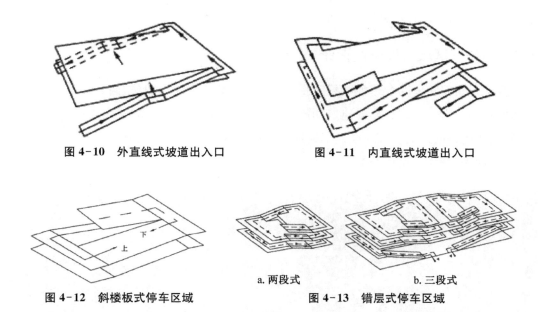

图4-10 外直线式坡道出入口　　　图4-11 内直线式坡道出入口

图4-12 斜楼板式停车区域　　a.两段式　　b.三段式　　图4-13 错层式停车区域

(图4-10~图4-13来源:中华人民共和国住房和城乡建设部,中华人民共和国国家质量监督检验检疫总局.汽车库、修车库、停车场设计防火规范(GB 50067—2014)[S].北京:中国建筑工业出版社,2015.)

螺旋坡道式机动车库(helical-ramp garage)指机动车在停车楼层之间,沿着一条连续的螺旋车道行驶。图4-14为螺旋坡道式机动车库的一种。双行螺旋坡道式机动车库(two way helical-ramp garage)是上、下楼层螺旋坡道设于同一双行线螺旋坡道内的螺旋坡道式机动车库(图4-15)。跳层螺旋坡道式机动车库(concentric-spiral garage)上、下楼层螺旋坡道重叠错开设置,为同一圆心,亦称同心圆螺旋坡道式机动车库(图4-16)。双行螺旋坡道和跳层螺旋坡道式机动车库的螺旋坡道,大多是圆形,亦可以是其他形状。

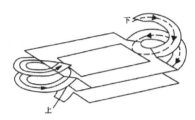  

图 4-14　单螺旋坡道式机动车库　　图 4-15　双行螺旋坡道式机动车库　　图 4-16　跳层螺旋坡道式机动车库

(图 4-14～图 4-16 来源：中华人民共和国住房和城乡建设部,中华人民共和国国家质量监督检验检疫总局.汽车库、修车库、停车场设计防火规范(GB 50067—2014)[S].北京：中国建筑工业出版社,2015.)

坡道的宽度应符合以下规定：单向行驶的机动车道宽度不应小于 4 m,双向行驶的小型车道不应小于 6 m,双向行驶的中型车以上车道不应小于 7m；单向行驶的非机动车道宽度不应小于 1.5 m,双向行驶的非机动车道不宜小于 3.5 m。

4.2.3　停车区域与停车位设计

高层建筑停车库的合理配置不仅关系到建筑内部的交通承载量,同时影响周边城市道路的顺畅同行。考虑到高层建筑功能多样复合,不同功能区对应使用人群错峰出行,其商业、酒店、办公、居住等功能在不同程度上可实现地下停车库共享。停车可以分为地上、地下两种(图 4-17、4-18)。

图 4-17　芝加哥某地上停车场　　　　图 4-18　南京景枫万豪酒店停车库

(来源：作者拍摄)

1. 停车区域与一般停车位形式

①停车区域应由停车位和行车通道组成；②停车区域的停车方式应排列紧凑、通道短捷、出入迅速、保证安全且与柱网相协调,并应满足一次进出停车位要求。③停车方式可采用平行式、斜列式(倾角 30°、45°、60°)、垂直式或混合式(图 4-19)。不同停车方式所

需的最小停车面积也不同(表4-3)。平行式、斜列式、垂直式停车泊位的长宽尺寸应当符合《车库建筑设计规范》(JGJ 100—2015)等相关规范要求。对于垂直式后退停车,当停车位毗邻墙体或连续分隔物时,垂直式后退小型车停车位宽度不得低于2.4 m,长度不得低于5.3 m;当停车位相互毗邻时,垂直式后退小型车停车位宽度不得低于2.4 m,长度不得低于5.1 m。室内机动车停车库在两排柱子中间标划停放3个车位的,其净柱距应不小于7.8 m;两排柱子中间标划停放2个车位的,其净柱距应不小于5.4 m。

表4-3 不同停车方式所需的最小停车面积

不同停车方式		最小停车面积/(m²·辆$^{-1}$)					
		微型车	小型车	轻型车	中型车	大货车	大客车
平行式	前进停车	17.4	25.8	41.6	65.6	74.4	86.4
斜列式	30° 前进(后退)停车	19.8	26.4	41.6	59.2	64.4	71.4
	45° 前进(后退)停车	16.4	21.4	40.9	53	59	69.5
	60° 前进停车	16.4	20.3	34.3	53.4	59.6	72
	60° 后退停车	15.9	19.9	40.3	49	54.2	64.4
垂直式	前进停车	16.5	23.5	33.5	59.2	59.2	76.7
	后退停车	13.8	19.3	41.9	48.7	53.9	62.7

(资料来源:《车库建筑设计规范(JGJ 100—2015)》)

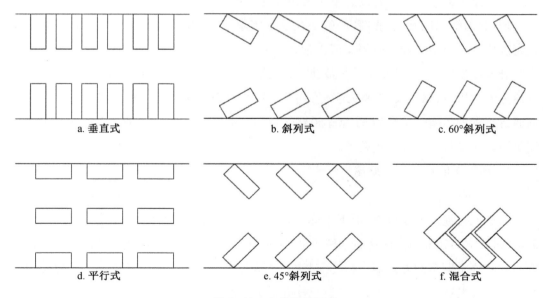

图4-19 车位排列形式

(来源:作者改绘)

平行式停车时汽车纵向净距为1.2~2.4 m;垂直式和斜列式停车时汽车纵向净距为0.5~0.8 m,汽车横向净距为0.6~1.0 m,汽车与柱间距为0.3~0.4 m,汽车与墙、护栏及其他构筑物间净距纵向为0.5 m、横向为0.6~1.0 m。

2. 机械式立体停车位

图4-20 南京国金中心的地下停车库
(来源:作者拍摄)

机械式立体停车是停车设备的一种,属特种设备产品之一,具有存取方便、运行经济、维修方便、占地面积少等特点,是当前应对车辆较多而停车面积较少的一种解决方案。机械式立体停车按其结构分为升降横移式、垂直升降式、平面移动式、垂直循环式、简易升降式、多层循环式、巷道堆垛式等。南京国金中心(IFC)的地下停车库则采用了立体停车库的升降横移式(图4-20)。

4.2.4 地下停车库的设计要素

1. 车库总平面

车库总平面可根据需要设置车库区、管理区、服务设施、辅助设施等。同时功能分区应合理,交通组织应安全、便捷、顺畅。在停车需求较大的区域,机动车库的总平面布局宜有利于提高停车高峰时段停车库的使用效率。允许车辆通行的道路、广场,应满足车辆行驶和停放的要求,且面层应平整、防滑、耐磨。道路转弯时,应保证良好的通视条件,弯道内侧的边坡、绿化及建(构)筑物等均不应影响行车视距。机动车道路转弯半径应根据通行车辆种类确定。微型、小型车道路转弯半径不应小于3.5 m;消防车道转弯半径应满足消防车辆最小转弯半径要求。

2. 地下车库的柱网及层高

(1) 柱网布置

为最大化提高停车效率,地下车库车位设计优先考虑垂直式布置,最小车位尺寸为5 300 mm×2 400 mm。柱网通常按7 800~8 400取值(图4-21)。通常情况下,不宜采用两柱间停1辆车的方式,避免柱子过多。考虑建筑主体结构跨度限制,设计常使用双车位跨距柱网或者三车位跨距柱网;三车位跨距柱网更佳,因停放3辆车的尺寸计算柱网净跨为7.2 m,柱中距取值结合实际尺寸常选7.8 m、8.1 m、8.4 m。如需要更大跨度的柱网,则以10.8~11m为宜。除满足合理的技术要求和使用面积指标达到最优,还必须考虑结构上是否经济合理(包括结构跨度尺寸不应过大、结构构件尺寸合理、柱距与一定的结构形式相适应、柱网单元分布合理、材料消耗量要小,并且在平面和高度上不过多占用室内空间)。

停车类型	小轿车			载重车、中型客车		
两柱间停车数(辆)	1	2	3	1	2	3
最小柱距 d(m)	3.0	5.4	7.8	3.9	7.2	9.9

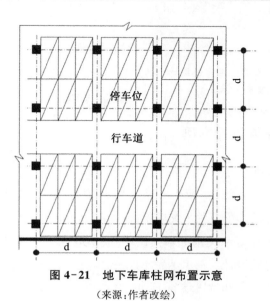

图 4-21 地下车库柱网布置示意

(来源:作者改绘)

(2)地下停车库的层高

地下停车库的层高是高层建筑地下成本控制的重要指标之一,由结构厚度、设备管线高度、车库净高 3 要素确定,净高指从楼地面面层(完成面)至吊顶、设备管道、梁或其他构件底面之间的有效使用空间的垂直高度,其中微型车、小型车为 2.20 m;轻型车为 2.95 m;中型车、大型客车为 3.70 m;中型、大型货车为 4.20 m。例如经验值常预留梁高 800 mm、设备 600 mm、小型车净高 2 200 mm,最终层高取值为 3.6 m。高层建筑最终的层高应依据实际的需求确定。

3. 地下停车库的交通组织

高层建筑地下停车库交通组织按运动方向分为竖向交通与水平交通。

层间竖向交通以坡道为主,小规模停车库常将坡道与车库水平交通循环路线结合布置,坡道位于车库中间,大中型地下停车库依据停车规模至少设置 2 个出入口、两道坡

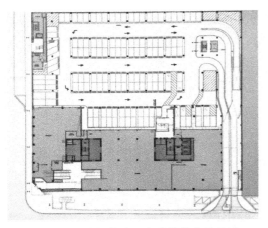

图 4-22 美国某地下车库的停车位设计
（垂直式+少量斜列式）
（来源：作者拍摄）

道，坡道常设置于地下停车库边界位置以便管理与疏散，且与高层建筑出入口就近布局。

层间水平交通考虑便捷清晰的车辆行驶路线，遵循车行流线整体单向循环与区域局部循环相结合的组织原则，避免路径交叉妨碍通行安全（图 4-22）。为提高停车位利用率，布置时尽量考虑单车道服务两排停车位。考虑出入口的管理，设计时要考虑设置 3~5 辆车的排队缓冲空间，避免高峰时间导致入口拥堵。

4.2.5 高层建筑车库设计案例

1. 芝加哥马里纳城

马里纳城（Marina City）建于 1964—1968 年，约 182 m，是独具匠心的双子摩天楼。每座建筑都有 65 层，由建筑师伯特兰·戈登堡（Bertrand Goldberg）设计，尽可能减少直角的数量。马里纳城因其外形像玉米又称玉米大楼，并成功地成了芝加哥市的地标，这座综合性建筑具有"城中城"的独特设计。马里纳城车库被设计在集音乐厅、零售商店、溜冰场和保龄球馆等于一体的双胞塔中。两栋塔楼的 1~19 层是开敞并呈螺旋状的停车库（图 4-23）。

图 4-23 芝加哥马里纳城
（来源：作者拍摄）

第一层被认为是"街道层",因为它是从东侧和西侧的街道向下的楼梯进入的;第二层位于桥梁层,也称为"广场层",也是每个18层停车坡道的第一层。在第3~19层有17个额外的停车坡道。马里纳城中部的核心提供了一个紧凑型容纳电梯、楼梯和公用设施的空间,成为高层建筑内的"垂直街道"。

2. 南京国际青年文化中心

该高层建筑是著名的建筑师扎哈·哈迪德设计的作品。它由两座塔楼、一座裙楼组成,两座塔楼与裙楼在15 m、21.12 m通过空中走廊联通。南塔楼建筑高度249.5 m,共58层;北塔楼建筑高度314.5 m,共68层;裙楼为青奥会议中心,高27.5 m,为两栋超高层塔楼公用空间。

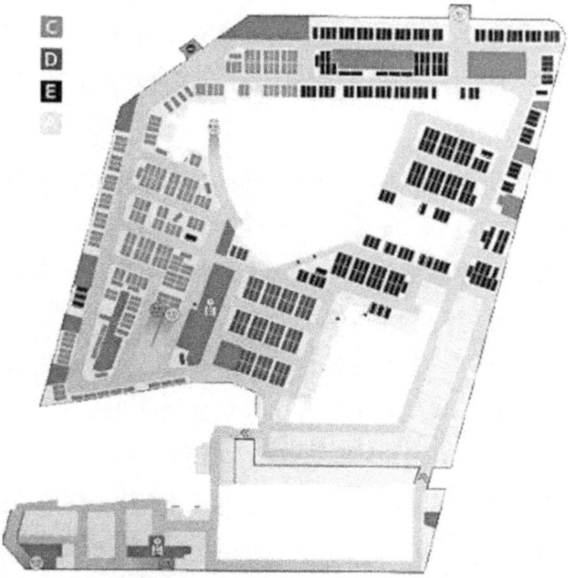

地下停车场共1 029个停车位,共分为B1、B2、B3共3层(图4-24)。

B1:f1区36+充电5=41个。

B2:f2区49+充电5=54个;B区190+机械停车位51=241个;卸货区货车停车位17个。

图4-24 南京国际青年文化中心B3层

(来源:作者拍摄)

B3:A区208+无障碍3=211个;C区176+无障碍4=180个;D区70个;E区206+无障碍9=215个。

参 考 文 献

[1] Binder G. 101 of the world's tallest buildings[M]. Mulgrave:Images,1995.

[2] Cheung F. Designing holistic well-being in the age of Hybrid Working[J]. CTBUH Journal,2021,Ⅳ:36-43.

[3] Duncan S,Zhu Y. SOM and China:evolving skyscraper design amid rapid urban growth[J]. CTBUH Journal,2016,Ⅳ:12-18.

[4] Wood A. Trends,drivers and challenges in tall buildings and urban habitat[C]// IABSE,The 17th Congress of IABSE. Chicago,2008:1-8.

[5] Wood A. The remaking of Mumbai(Ⅱ):a CTBHU—IIT educational design studio[J]. CTBUH Journal,2010,Ⅳ:38-43.

[6] 中华人民共和国住房和城乡建设部,中华人民共和国国家质量监督检验检疫总局.建筑设计防火规范(GB 50016—2014)[S].北京:中国建筑工业出版社,2018.

[7] 冯刚.高层建筑课程设计[M].南京:江苏人民出版社,2011.

[8] 卓刚.高层建筑设计[M].3版.武汉:华中科技大学出版社,2020.

[9] 中国建筑学会.建筑设计资料集:第3分册[M].3版.北京:中国建筑工业出版社,2017.

[10] 中华人民共和国住房和城乡建设部,中华人民共和国国家质量监督检验检疫总局.汽车库、修车库、停车场设计防火规范(GB 50067—2014)[S].北京:中国建筑工业出版社,2015.

[11] 中国建筑标准设计研究院.《建筑设计防火规范》图示:按建筑设计防火规范 GB 50016—2014 编制[M].北京:中国计划出版社,2014.

[12] 世界高层建筑与都市人居学会(CTBUH).高层建筑与都市人居环境 07:莫斯科进化大厦[M].上海:同济大学出版社,2016.

[13] 张清.场地设计:作图题[M].北京:中国电力出版社,2018.

[14] 世界高层建筑与都市人居学会(CTBUH).高层建筑与都市人居环境 12:连接城市[M].上海:同济大学出版社,2017.

[15] 郭皇甫.垂直城市:高层建筑发展趋向研究[D].天津:天津大学,2016.

[16] 李程.可持续发展的高层建筑研究[D].天津:天津大学,2012.

[17] 陈璐.城市高层综合体交通组织的空间模式研究[J].城市环境设计,2011(8):193-197.

[18] 曾宪川,孙礼军,周文,等.高层商业城市综合体建筑设计方法研究[M].北京:中国建筑工业出版社,2017.

[19] Stephen Siu-Yu Lau, Qianning Zhang. Genesis of a vertical city in Hong Kong[J]. International Journal of High-Rise Buildings,2015,l4(2):117-125.

[20] 王洪礼.千米级摩天大楼建筑设计关键技术研究[M].北京:中国建筑工业出版社,2017.

[21] Swinal Samant. Cities in the sky: elevating Singapore's urban spaces[J]. International Journal of High-Rise Buildings,2019,8(6):137-154.

第五章

高层建筑结构与设备设计

5.1 高层建筑结构选型与设计原则

由于建筑技术日新月异的发展,高层建筑的结构类型与形式亦越来越复杂,必然需要通过建筑师和结构工程师及其他专业技术人员的通力合作,才能实现高层建筑整体品质的提升和更好地满足使用者的需求。本节通过分析高层建筑的空间形态与结构概念设计的关系,阐述建筑专业、结构专业及其他专业间的紧密联系,阐述了建筑设计与结构设计、设备设计等之间的密切合作,使建成的高层建筑充分满足使用者和社会所期望的各种要求及用途。

5.1.1 高层建筑结构设计要点与原则

1. 高层建筑结构设计要点

（1）建筑功能适应性与结构布置

高层建筑的功能需求是其设计的核心需求,同时必须满足地质环境和公共空间等要求,才能节省土地资源,同时兼顾建筑的平面形态、立面造型等。不同功能建筑的空间特征各异,要求不同的结构与其相适应,不同的结构体系形式需要不同的空间布置(表 5-1),而不同结构体系的抗侧刚度也不同,剪力墙结构大而框架结构小且两者适用高度也不同。特殊的功能要求常使一些结构形式得以创新,但要有与其匹配的适宜的结构刚度。

表 5-1 常用结构形式所能提供的内部空间和刚度

结构形式	框架	框—剪	剪力墙	框—筒	多筒
适用层数	1~15	10~30	10~40	10~50	40~80
内部空间	大空间、灵活	较大空间、较灵活	小空间、限制大	大空间、灵活	大空间、较灵活

(资料来源:章丛俊,徐新荣. 结构与建筑[M]. 北京:中国建筑工业出版社,2016.)

（2）结构与高度适用范围

近年来，随着技术的日益完善和城市人口密度的不断提升，超高层建筑数量及规模也在不断扩大，除传统典型的框架—核心筒、筒中筒、束筒等结构体系之外，大量新型的复杂结构体系应运而生，如巨型结构、斜交网格结构等，其中不同的结构体系分别适用于不同高度的高层建筑。不同的结构体系因其力学特征和整体性能的不同，也有其整体综合性能较好发挥的高度适应范围。现行有关结构规范对各类建筑结构形式最大的适用高度做了明确的规定（表5-2、5-3、5-4）。

表5-2 A级高度钢筋混凝土高层建筑的最大适用高度　　　单位：m

结构体系		非抗震设计	抗震设防烈度				
			6度	7度	8度		9度
					0.2g	0.3g	
框架		70	60	50	40	35	—
框架—剪力墙		150	130	120	100	80	50
剪力墙	全部落地剪力墙	150	140	120	100	80	60
	部分框支剪力墙	130	120	100	80	50	不应采用
筒体	框架—核心筒	160	150	130	100	90	70
	筒中筒	200	180	150	120	100	80
板柱—剪力墙		110	80	70	55	40	不应采用

注：1. 表中框架不含异形柱框架；
2. 部分框支剪力墙结构指地面以上有部分框支剪力墙的剪力墙结构；
3. 甲类建筑，6、7、8度时宜按本地区抗震设防烈度提高一度后符合本表的要求，9度时应专门研究；
4. 框架结构、板柱-剪力墙结构以及9度抗震设防的表列其他结构，当房屋高度超过本表数值时，结构设计应有可靠依据，并采取有效的加强措施。

表5-3 B级高度钢筋混凝土高层建筑的最大适用高度　　　单位：m

结构体系		非抗震设计	抗震设防烈度			
			6度	7度	8度	
					0.2g	0.3g
框架—剪力墙		170	160	120	120	100
剪力墙	全部落地剪力墙	180	170	120	130	110
	部分框支剪力墙	150	140	100	100	80
筒体	框架—核心筒	220	210	130	140	120
	筒中筒	300	280	150	170	150

注：1. 部分框支剪力墙结构指地面以上有部分框支剪力墙的剪力墙结构；
2. 甲类建筑，6、7度时宜按本地区抗震设防烈度提高一度后符合本表的要求，8度时应专门研究；
3. 当房屋高度超过本表数值时，结构设计应有可靠依据，并采取有效的加强措施。
4. 设计基本地震加速度值：50年设计基准期超越概率10%的地震加速度设计，7度取值0.10g，8度取值0.20g，9度取值0.40g。这里的取值与《中国地震动参数区划图》所规定的"地震动峰值加速度"相当。在0.10g和0.20g之间的0.15g、0.20g与0.40g之间的0.30g区域，分别与7度和8度区相当。

钢筋混凝土高层建筑结构的最大适用高度应区分为 A 级和 B 级。A 级高度钢筋混凝土乙类和丙类高层建筑的最大适用高度应符合表 5-2 的规定，B 级高度钢筋混凝土乙类和丙类高层建筑的最大适用高度应符合表 5-3 的规定。平面和竖向均不规则的高层建筑结构，其最大适用高度宜适当降低。

混合结构系指由外围钢框架或型钢混凝土、钢管混凝土框架与钢筋混凝土核心筒所组成的框架—核心筒结构，以及由外围钢框筒或型钢混凝土、钢管混凝土框筒与钢筋混凝土核心筒所组成的筒中筒结构。混合结构高层建筑适用的最大高度应符合表 5-4 的规定。

表 5-4　混合结构高层建筑适用的最大高度　　　　　　　　　　　　　　单位：m

结构体系		非抗震设计	抗震设防烈度				
			6 度	7 度	8 度		9 度
					0.2 g	0.3 g	
框架—核心筒	钢框架—钢筋混凝土核心筒	210	200	160	120	100	70
	型钢（钢管）—混凝土框架—钢筋混凝土核心筒	240	220	190	150	130	70
筒中筒	钢外筒—钢筋混凝土核心筒	280	260	210	160	140	80
	型钢（钢管）—混凝土外筒—钢筋混凝土核心筒	300	280	230	170	150	90

注：平面和竖向均不规则的结构，最大适用高度应适当降低。
（资料来源：高层建筑混凝土结构技术规程（JGJ 3—2010））

南京景枫中心办公楼结构主屋面高度 154 m，为 B 级高度超限高层，采用混凝土框架—核心筒的结构抗侧力体系，核心筒设置为双筒形式且底部采用了型钢混凝土柱（图 5-1）。

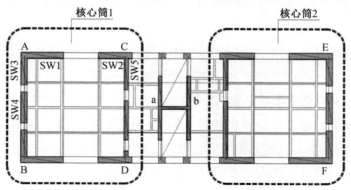

图 5-1　景枫中心建筑结构示意

（来源：吕恒柱，刘亚军，徐从荣，等. 南京景枫中心办公楼超限结构设计[J]. 青岛理工大学学报，2018(1)：33-41.）

（3）结构形式与场地特征

高层建筑设计首先要做好对地质地基的研究，包括地基的基础组成以及该地区的地质灾难发生的特点和间隔。地基的基本组成材料不同也会对其整体可靠性和稳定性产生影响，选址在泥土质地的地基和砂土质地的地基上，一般需要选择那些更加结实牢靠且更轻便的结构方法，即钢结构，可有效地降低部分的承压量。对于岩石地基可选择混凝土钢筋结构，尽管需要的施工时间很长，投入的维护资金却相对较少。建筑应优先选用条件较好的场地，然后通过调整或改变结构自振周期使之错开场地土特征周期，提高结构的场地适应性，减少地震作用。

2. 高层建筑结构设计原则

（1）结构整体稳定性和经济性原则

高层结构受水平荷载影响较大，须考虑水平荷载和竖向构件自重荷载进行承载特性分析。一般建筑构件竖向荷载对建筑结构的内力影响相对较小，如各层梁的内力主要受该层楼板横载和活载影响。水平荷载作用于结构中会形成相应的倾覆力矩，还会形成一定量的竖向附加轴力，这些力受高度的影响较为显著。水平向的作用使建筑产生水平向变形后，又增强了竖向作用的效果。不同的结构形式在全寿命使用过程中，结构形式的确定基本决定了结构建造及其全寿命周期的主要费用，由此结构选型考虑选择全寿命周期综合造价较低的结构形式尤为重要。

（2）结构空间整体性原则

影响结构空间整体性的因素有楼屋盖种类、抗力构件布置、梁柱墙间相互连接、构筑方法措施、平面尺寸、平面及竖向规则性决定的体型规则性、长宽比等，其中后3个是空间结构主要影响因素，会引起各部分的差异运动，从而降低整体协调变形能力，导致空间整体作用不能发挥，同时在各部分间连续或薄弱处等引起复杂的拉、压、弯、剪、扭应力或变形，它们共同作用会加剧地震力的破坏作用，即高、宽接近时能充分发挥结构的空间整体作用。

高层建筑的高宽比，是对结构刚度、整体稳定、承载能力和经济合理性的宏观控制；在结构设计满足规程规定的承载力、稳定、抗倾覆、变形和舒适度等基本要求后，仅从结构安全角度讲高宽比限值不是必须满足的，主要影响结构设计经济性。钢筋混凝土高层建筑结构高宽比不宜超过表5-5的规定。钢（型钢混凝土）框架—钢筋混凝土筒体混合结构体系高层建筑，主要抗侧力体系仍是钢筋混凝土筒体，因此其高宽比的限值和层间位移限值均取钢筋混凝土结构体系的同一数值，而筒中筒体系混合结构，外周筒体抗侧刚度较大，承担水平力也较多，钢筋混凝土内筒分担的水平力相应减小，且外筒体延性相对较好，故高宽比要求适当放宽。混合结构高层建筑的高宽比不宜大于表5-6的规定。

表 5-5　钢筋混凝土高层建筑结构适用的最大高宽比

结构体系	非抗震设计	抗震设防烈度		
		6度、7度	8度	9度
框架	5	4	3	—
板柱—剪力墙	6	5	4	—
框架—剪力墙、剪力墙	7	6	5	4
框架—核心筒	8	7	6	4
筒中筒	8	8	7	5

表 5-6　混合结构高层建筑适用的最大高宽比

结构体系	非抗震设计	抗震设防烈度		
		6度、7度	8度	9度
框架—核心筒	8	7	6	4
筒中筒	8	8	7	5

(资料来源：高层建筑混凝土结构技术规程(JGJ 3—2010))

（3）施工方便性原则

不同的结构形式应基于最佳效益开展相应的设计工作，从施工材料、机械设备、施工工艺等多个角度来进行综合分析，优化必要的内容。高层建筑因自身的特点和复杂性，施工复杂、难度高、工期长且对施工企业级别、施工机械、技术及管理水平要求高等，故受不同结构体系所决定的不同施工工艺或工程量的影响，施工工期相差较大，常是影响工程经济性或其造价的主要因素之一。因此，结构选型应适当考虑施工可行性与方便性原则，对保证施工质量、速度以及缩短工期、降低成本等有着重要意义。

5.1.2　高层建筑结构概念设计与塔楼平面确定

1. 高层建筑结构的概念设计

"概念"是思维的基本形式之一。"概念设计"即指根据事物的本质特征，按一定的目的要求，运用人的宏观思维和判断，正确确定设计的基本原则，以及方案和实施措施。高层建筑结构的概念设计一般指不经过数值计算，在对结构的地震作用、风作用、温度作用用、场地土特征、结构的真实效应和一些基本概念的深刻理解的基础上，从整体的角度来确定建筑结构的总体布置和抗震措施，运用宏观的思维方法去指导设计。

建筑表现为空间方面的概念和形式。设计人员必须处理并使用和活动有关的、物质性的和象征性的空间形式,以求达到一个有效的环境整体。这要求建筑师须考虑以下方面:一是所设想的空间形式应固定在地面上;二是所设想的空间形式应当具有质量并能承受竖向重力荷载;三是所设想的空间形式须能抵抗水平风力和地震作用。

2. 高层建筑钢筋混凝土结构设计

高层建筑钢筋混凝土结构可采用框架、剪力墙、框架—剪力墙、筒体、板柱—剪力墙结构体系等。

高层建筑不应采用严重不规则的结构体系,并应符合下列要求:①应具有必要的承载能力、刚度和变形能力;②应避免因部分结构和构件的破坏而导致整个结构丧失承受重力荷载、风荷载和地震作用的能力;③对可能出现的薄弱部位,应采取有效措施予以加强。

框剪结构的受力特点(图5-2):①水平力通过楼板传递分配到剪力墙及框架。②水平力产生的剪力在底部主要由剪刀墙承担,因为剪力墙在水平力的作用时,底部变形小。但到顶部时,剪力主要由框架承担,即框架在顶部时变形较小。当高层建筑结构层数较多、高度较大时,由平面抗侧力结构所构成的框架,剪力墙和框剪结构已不能满足建筑和结构的要求,而开始采用具有空间受力性能的筒体结构。

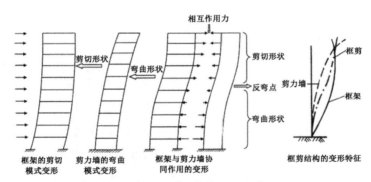

图5-2 框剪结构的受力特点

(来源:作者改绘)

筒体结构的基本特征是:水平力主要是由一个或多个空间受力的竖向筒体承受。筒体可以由剪力墙组成,也可以由密柱框筒构成。

3. 结构概念设计对高层平面形式的约束与自由度

因为高层建筑的受力性能的特殊性与重要性,建筑师需要深入理解对平面形式的结构控制要素。尽管结构因素在一定程度上制约建筑的创作,但是这些因素也可成为建筑师创作的工具,使其兼具艺术审美原则和结构安全、经济、新颖的高层建筑造型。

(1)严格控制建筑的高宽比

高宽比对高层建筑平面形式的制约在于平面形式在三度空间上的叠加直接影响到

高层建筑的形体轮廓。

(2) 高层建筑平面形状力求规则和简单

从抗震设计的要求出发,塔式高层建筑宜采用方形、矩形、圆形、Y形、三角形等建筑平面,而从风力对建筑的影响来说,建筑平面宜采用风荷载形体系较小的形状,如圆形、椭圆形、正方形、正多边形等形式。在抗震设计的要求下高层建筑能做到平、立面规则简单较理想,但实际创作过程中,建筑的平、立面常出现凹凸,较现实的做法是要求建筑体型规则一些且对抗震有利。因此平面形式的变化要控制在一定的"度"内,可适当地利用结构的力学性能进行造型变异。

(3) 高层建筑平面结构布置尽量对称

如果其平、立面刚度和质量分布不对称,地震时常产生扭转破坏,为此做到对称十分必要。实际工程中不对称情况通常有以下方面:①建筑周边构件的强度和刚度不对称;②建筑外形对称而抗侧力系统不对称;③具有细长伸出翼的平面;④质量偏心。

5.1.3　提高整体承载力和抗侧移能力的措施

高层建筑结构的主要矛盾是如何提高结构的抗侧移刚度,其中最主要的是结构抗弯刚度。相对来说,结构抗轴力和抗剪问题更易解决。重点是从原理上把握提高高层结构体系整体承载力和抗侧移能力的措施并将之灵活巧妙地应用到具体的建筑结构中。

(1) 利用合理的体形且把竖向荷载集中在主要承重构件

从整体来看,房屋可以看作是锚固在地面上的悬挑梁,那么其平面图形就是这根"梁"的截面。一字形平面的高层建筑就像一块悬臂板,通常也称为板式结构,它具有最大的迎风面,风荷载很大,但房屋进深不大,对体系的抗侧移不利。若将一字形平面弯折,形成角钢、槽钢或工字形截面,则刚度变大。在立面设计和竖向构件布置上,采用倾斜的竖向构件对刚度有利。若将结构宽度沿房屋高度做成上窄下宽,与悬臂柱的弯矩图相似,则有益于结构承载力或结构刚度。此外,将高层建筑设计成三角形或金字塔可降低水平力作用点,对提高抗侧移能力也很有效。圆形和椭圆形平面能明显减小风荷载,因而也能减小结构侧移。同时,将竖向荷载集中作用在主要的承重构件上就会减小偏心距,所以是有效的措施。

(2) 设置加强层

对于 250 m 以上的超高层建筑,为加强整体结构的抗侧能力,通常在外框架间设置环带桁架,或在核心筒与框架柱间设置水平伸臂桁架,形成加强层,使得内外筒更好地协同工作,有效抵抗水平作用。①根据内力大小,改变构件截面尺寸及承载力。将整体结构做成上窄下宽是从整体上加强结构的措施,常见的是沿高度改变柱和墙的截面尺寸、混凝土的强度等级以及柱、墙的配筋量,以适应柱、墙内力的变化。②采用带边框的剪力墙,尽可能为剪力墙设置翼墙。③适当加强房屋的角柱。高层结构因风荷载和地震作用性质不同,设计中难使荷载中心和结构刚度中心完全重合,结构有一定的扭转变形不可避免。扭转结构中角柱的附加侧移和附加内力最大,角柱的内力臂最大,加强角柱对结构抗扭效果较好。

在框架—核心筒结构顶层设置加强层(横梁或桁架),从核心筒伸出纵、横向钢臂与外圈框架柱相连,形成有更大抗侧刚度和水平承载力的框架—核心筒—钢臂结构,以适用更多层数的高层建筑。有时为进一步提高核心筒体系的抗侧移刚度,设置多道横梁。

高层建筑针对水平荷载作用下的层间位移,需要提高刚度;而提高其抗震性能就需要高延性,但通常两者很难兼顾。但组合伸臂系统同时采用了钢筋混凝土伸臂墙与耗能件熔断器,兼采前者的高刚性和后者的散能的优势,保证抗震时的延性且降低对结构材料的要求。重庆来福士广场创新组合伸臂系统包括连接耗能构件与伸臂墙的钢支撑及绕核心筒一周的钢筋混凝土环梁,提高结构整体性(图5-3)。

图5-3 重庆来福士广场创新组合伸臂系统

(来源:世界高层建筑与都市人居学会(CTBUH),中国高层建筑国际交流委员会(CITAB).中国最佳高层建筑:2016年度中国摩天大楼总览[M].上海:同济大学出版社,2016.)

(3)巨型结构体系

由巨型构件组成的简单的桁架或框架结构,作为超高层建筑的主体结构,它与其他次结构共同工作,以获得更大的灵活性和更高的抗侧力效率。在该结构体系中设置巨型支撑,即形成了抗侧力水平更高的巨型框架—核心筒—巨型支撑结构,巨型支撑的设置可显著提高外框架刚度,并可有效缓解因伸臂桁架等的存在而引起的刚度突变问题。巨型框架的横梁可为各种大型水平结构,它利用整个建筑高度作为"梁高",可以是箱型截面或桁架;它将荷载集中在主要承重结构上,常沿建筑周边布置大型立柱和支撑,形成空间桁架,作为主要的承重骨架。

(4) 设置连体结构

连体塔中的天桥设计可为整个塔群提供更大的横向刚度。由于高层建筑的结构设计一般受侧向刚度控制，连体塔的结构贡献可能很大。通过连体塔来提高结构性能，这在很大程度上取决于多个因素，例如连体塔的数量、它们的布置以及塔的连接方式。一般情况下，相对于3塔或以上的情况，2塔连接的结构潜力是有限的。当3个或更多的塔连接在一起时，群集布局比线性布局具有更大的结构潜力。为最大限度地发挥连体塔的结构潜力，塔之间需有明显的强度和刚度的结构连接。以苏州东方之门为例，塔楼部分结构设计采用钢筋混凝土核心筒—组合结构柱、钢柱和钢梁的混合结构受力体系，结合建筑避难层，沿高度方向设置了4个结构加强层，加强层处的混凝土核心筒4个角部与外围框架之间通过8榀伸臂桁架相连，伸臂桁架贯通核心筒墙体。加强层的带状桁架沿外围框架柱设置，结构加强层的设置有效提高了整体结构的抗侧刚度。

南京金鹰世界3栋塔楼均采用框架—核心筒混合结构体系。为减小墙体厚度和结构自重，并提高核心筒的延性，3栋塔楼在底部部分楼层采用内夹钢板的混凝土剪力墙。空中平台周边通过5层高的钢木桁架与主塔楼相连，连接体主木桁架环绕贯通3栋塔楼，确保有效协调3栋塔楼在侧向荷载作用下的变形，发挥连体结构的整体抗侧作用(图5-4)。

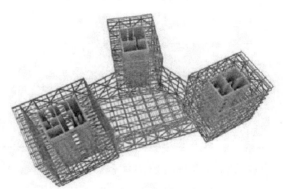

图5-4　南京金鹰世界框架—核心筒混合结构体系

(来源：刘明国，姜文伟，于琦.南京金鹰天地广场连接体施工方案影响分析[J].建筑结构，2019(4)：22-27.)

5.1.4　高层建筑结构设计案例

混合结构代表着钢和混凝土性能最优化并克服了这2种材料各自的缺陷。因此这2种材料有望作为高层建筑的主导材料，尤其在地震活动区域，坚固稳定的结构是强制性要求。大量使用混凝土是由于这种材料比较普遍且在许多地区造价低廉，且应用于结构又相对简单。高层建筑已从采用全钢结构体系过渡到了混合结构(表5-7)。

南京紫峰大厦主楼为钢框架、钢筋混凝土核心筒结构，外围的框架柱为劲性结构。大厦主楼总高度450 m，是集商业、酒店、办公于一体的多功能综合性建筑群。它在10层、35层、60层分别设有3道钢结构桁架层，每道桁架层的高度均为8.4 m。大厦造型复杂多变，结构刚度变化大，竖向以3道伸臂桁架加环带桁架将核心筒与外框结合成整体，

表 5-7 超高层建筑的结构选型

建筑名称	城市	建筑高度/m	竣工时间/年	塔楼结构
上海环球金融中心	上海	492	2008	核心筒和巨型柱结构
上海金茂大厦	上海	420.5	1999	高强度混凝土与钢结构复合结构
南京紫峰大厦	南京	450	2010	钢框架、钢筋混凝土核心筒结构
上海中心大厦	上海	632	2015	"巨型框架—核心筒—伸臂桁架钢—混凝土"抗侧力混合结构体系
平安国际金融中心	深圳	660	2016	"巨型框架—核心筒—外伸臂"抗侧力体系
国贸大厦 A 座	北京	330	2010	组合支撑框架核心筒和组合周边刚性框架筒
广州塔	广州	600	2010	钢筋混凝土内核心筒及钢结构外框筒以及连接两者之间的组合楼层
京基 100	深圳	441.8	2011	由钢筋混凝土核心筒、巨型钢斜支撑框架及伸臂桁架和腰桁架形成三重结构体系

形成高效的整体抗侧力体系。通过创新设计,首次实现了钢平台整体穿越桁架层,避免了钢平台遇桁架层高空多次拆分的风险。模块化设计的整体钢平台体系在核心筒 5 次变化过程中实现快速收分,提高了整体钢平台对复杂结构的适应性。

南京国际青年文化中心采用框架—中心支撑束筒的钢结构体系,结构在 15 m 标高以下由 4 个独立的单体组成,每个独立单元由若干钢结构中心支撑筒作为主要竖向受力构件,和周边钢柱共同抵抗水平和竖向荷载作用,并和楼面系统一起提供结构的侧向稳定性保障。从 15 m 标高开始连成一体,形成大约 160 m×190 m 的一座独立建筑物,内有会议厅、展览中心、多功能厅和音乐厅组成的无柱大空间,由于各独立单元相互连接时跨度较大,最大达 50 m,局部采用桁架作为连接构件。

5.2 高层建筑给排水设计

高层建筑因楼层数多且容纳的生活、工作的人数多,总建筑面积大、高度高且使用功能复杂,由此要保障大厦有完善的工作、生活设施和舒适、安全、卫生的环境,其内设的设备和管线多且标准高。此外各专业工种之间需要协调工作和密切配合,避免矛盾的发生。高层建筑常设有设备层,因所承受的负荷很大,故各设备系统(给水排水设备、空调等)需要按高度进行分区,从而达到有效利用与节约设备管道空间、合理降低设备系统造价的目的。在设备层中安装设备,要提供管线交叉和水平穿行的空间。竖向管线场布置的管径中,也可以沿墙、柱明设,装饰要求高时可以暗装或在明装管道外加包装饰。水平管线可以沿墙和梁布置或埋在找平层内或墙槽内。

5.2.1 高层建筑给水系统

1. 给水方式

建筑给水方式的确定要根据建筑物的使用功能、高度、配水点的布置情况以及室内所需水压、室外官网供水压力和水量等因素综合决定。通常有以下几种方式:①直接给水方式;②仅设水箱的给水方式;③水泵—水箱联合给水方式;④气压给水方式;⑤变频给水方式;⑥分区给水方式。

室外给水管网的供水压力较低,仅能满足建筑物下面几层的供水需要,而上面楼层采用水泵—水箱联合给水方式,从而形成上下分区。在高层建筑中,如果不考虑上下分区,管网静水压力很大,下层管网由于压力过大,管道接头和配水构件等极易损坏,而且电能消耗不合理,因此高层建筑多采用分区给水方式。

2. 高层建筑竖向分区给水方式

在高层建筑中,当室外管网压力不能满足上层供水时,可以采用竖向分区给水的方式,即在建筑物的垂直方向按层分段,分别组成各自的给水系统,下层由室外管网直接供水,上层用水泵升压供水。

因高层建筑层数多及楼层高,所以会造成低层管道中静水压力过大、管道漏水,启闭水龙头、阀门会出现水锤现象并引起噪声,且易损坏管道、附件等;而且低层防水流量大,水流喷溅且浪费水量并影响高层供水。所以高层建筑给水系统均采用竖向分区给水方式。分区后各区最低卫生器具配水点处的静水压应小于其工作压力。我国住宅、旅馆、医院等类建筑宜取 0.30~0.35 MPa,办公楼宜取 0.35~0.45 MPa,分区形式有串联式、并联式和减压式。进行竖向分区给水时,各区的升压及储水设备应根据需要选用。

建筑高度不超过 100 m 的建筑,宜采用垂直分区并联供水或分区减压的供水方式。因为一般低层部分采用市政水压直接供水,中区和高区采用加压至屋顶水箱(或分区水箱),再自流分区减压供水的方式,也可采用变频调速泵直接供水、分区减压方式,或采用变频调速泵垂直分区并联供水方式。建筑高度超过 100 m 的建筑,宜采用垂直串联供水方式。因为若仍采用并联供水方式,其输水管道承压过大,存在安全隐患,而串联供水可解决此问题。

(1) 并联分区给水方式

各分区独立设置水箱和水泵,各区水泵集中设置在底层或地下室水泵房内,各区水泵独立向各区的水箱供水,特点是各给水分区为独立系统,互不影响(图5-5左)。

(2) 串联分区给水方式

各分区设置水箱和水泵,各区水泵均设置在技术层内,上区水泵自下区水箱抽水供上区使用。特点是各分区的水泵效率高(水泵扬程和流量按本区需要设计),管道较简单且能耗少(图5-5右)。

3. 减压分区给水方式

减压分区给水方式包括减压水箱给水方式、减压阀减压给水方式(图5-6)。

(1) 减压水箱给水方式

建筑的用水由水泵送至屋顶水箱,然后由屋顶水箱供给上区,并通过各分区减压水箱减压后再供下区用水。其优点是水泵型号少,设备集中布置,维护管理方便;缺点是屋顶水箱容积大且不利于抗震,一次提升耗能大且安全可靠性低。

(2) 减压阀减压给水方式

设置减压阀代替各分区减压水箱。该方式的优点是安装方便、投资省且不占建筑使用面积。

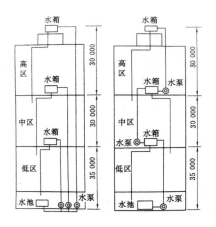

图5-5 并联给水方式(左)、串联给水方式(右)

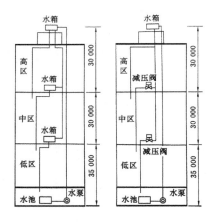

图5-6 减压水箱给水方式(左)、减压阀给水方式(右)

(来源:黄炜.建筑环境与设备[M].徐州:中国矿业大学出版社,2006.)

4. 其他要点

自来水压力能满足要求的用水设施用市政自来水直接供水,市政自来水压力不能满足要求的用水设施用水泵加压供水。高层建筑生活给水系统应竖向分区:各分区最低卫生器具配水点静水压力不宜大于 0.45 MPa,特殊情况不宜大于 0.55 MPa。水压大于

0.35 MPa 的入户管宜设减压或调压设施。

住宅、公寓入户管应设水表。水表前设阀门。阀门要求如下：①需调节水量、水压时宜采用调节阀、截止阀；②只需关断时宜采用闸阀；③安装空间小的场所，宜采用蝶阀、球阀；④角阀一般可用于洗手盆、大便器水箱等；⑤给水管在卫生器具前设阀门；⑥热水压力分区、阀门选用、水表设置与给水相同；⑦热水管在卫生器具前设阀门；⑧热水设循环管；⑨中水压力分区、阀门选用、水表设置与给水相同；⑩中水管在大小便器前设阀门。

5.2.2 高层建筑排水系统

1. 排水系统的分类

排水系统根据排水的来源及水质被污染的程度可分为：

① 生活污水排水系统，排除大、小便器以及与之类似的卫生设备排出的污水；

② 生活废水排水系统，排除洗涤盆、洗脸盆、沐浴设备等排出的洗涤废水以及与之水质相近的洗衣房和游泳池的排放废水、厨房等所排出的含油废水等；

③ 屋面雨水排水系统，排除屋面、阳台等雨雪水的排水系统；

④ 特殊排水系统，排除空调、冷冻机等设备排出的冷却废水，以及锅炉等设备的排污废水等。

2. 排水系统的组成及特点

建筑内部排水系统由卫生器具（受水器）、器具排水管、排水横支管、立管、横干管、通气系统、排水附件、局部处理构筑物以及提升设备等构成。但高层建筑排水系统具有自身的特点。

(1) 卫生器具和排水点多且水质差异大

高层建筑功能复杂且体积大，建筑标准高，因此用水设备类型多，排水点多且位置分布不规律，水质差异大，排水管道类型多。

(2) 排水立管长且水量大、流速高

因高层建筑较高楼层排除的污水汇入下层立管和横干管中，则水量和流速逐渐增加。若设计不合理会使管内气流、水流不畅引起卫生器具水封破坏，臭气进入室内污染环境，或者管道常堵塞且严重影响使用。

(3) 排水干管服务范围大则造成较大影响

因高层建筑体积大，若管道设计或安装不合理，横干管内气流、水流不畅，必影响与之相连接的多根立管内的气、水两相流态，影响范围大。所以排水系统功能的优劣很大程度上取决于通气系统设置是否合理，也是高层建筑排水系统中最重要的问题。

3. 排水通气管的形式

排水通气管系统的作用是将排水管道内散发的有毒有害气体排放到一定空间的大气中去,使供水设备满足卫生要求;通气管向排水管道内补给空气,减少气压波动幅度,防止水封破坏;通气管经常补充新鲜空气,可减轻金属管道内废气的腐蚀,延长使用寿命,设置通气管也可提高排水系统的排水能力。

(1) 伸顶通气管

伸顶通气管是指排水立管与最上层排水横支管连接处向上垂直延伸至室外作通气用的管道,作为通气及排除系统有害气体用,是排水管系统最简单、最基本的通气方式。一般生活污水管或散发有害气体的生产污水管道都采用这种方式。

(2) 专用通气立管

专用通气立管是指仅与排水立管相连,为排水立管内空气流通而设的垂直通气管道。

(3) 主通气立管

主通气立管是指连接环形通气管和排水立管,并为排水横支管和排水立管内空气流通而设置的专用于通气的立管。

(4) 副通气立管

副通气立管是指仅与环形通气管相连接,使排水横支管内空气流通而设置的专用于通气的管道。

(5) 环形通气管

环形通气管是指设在多个卫生器具的排水横支管上,从最始端卫生器具的下游端接至通气立管的那一段通气管段。它适用于横支管较长且负担的卫生器具数量较多时。公共建筑中的集中卫生间或盥洗间,其排水支管上的卫生器具在 4 个及以上,且排水管长度与主管的距离大于 12 m,或同一排水支管所连接的大便器在 6 个及以上。当建筑物内各层的排水管道上设有环形通气管时,应设置连接各层环形通气管的主通气立管或副通气立管。

(6) 器具通气管

器具通气管是指卫生器具存水弯出口端,在高于卫生器具上一定高度处与主通气立管连接的通气管段,可以防止卫生器具产生自虹吸现象和噪声。它适用于高级宾馆及要求较高的建筑。其做法是:在卫生器具存水弯出口端接出通气管,并从排水支管中心线以上与排水支管呈垂直或 45°连接,器具通气管与通气立管连接应有不小于 0.01°的上升坡度,安装点应在卫生器具上边缘以上不小于 0.15 m 处。

(7) 结合通气管

结合通气管是指排水立管与通气立管的连接管段,即连接排水立管与通气立管使其形成通气环路。结合通气管宜每层或隔层与专用通气立管、排水立管连接,与主通气立管、排水立管连接不宜多于8层。

（8）自循环通气管

自循环通气管是指通气立管在顶部、层间和排水立管相连,在底部与排出管连接的通气管段。排水时在管道内产生的正负压通过连接的通气管道迂回补气而达到平衡的通气方式。

4. 其他要点

① 厕所、盥洗室、卫生间等需从地面排水的房间设地漏,地漏水封不小于0.05 m;
② 卫生器具在排水口以下设存水弯(器具构造内有存水弯时不再另设);
③ 排水立管设检查口,间距不大于10 m,高度距地面1 m并高于该层器具上边缘0.15 m;
④ 排水横管设清扫口或检查口。

5.3 高层建筑空调系统设计

5.3.1 空调系统的组成

空调系统（Air-Conditioning System）是由多个空调个体结合在一起,集中供冷或供热的一个整体构成。单个空调是由制冷系统、通风系统、电气控制系统和箱体系统四部分组成的。一个典型的空调系统由空调冷热源、空气处理设备、空调风系统、空调水系统及空调控制调节装置5大部分组成。

1. 按空气处理设备的集中程度

按空气处理设备的集中程度,空调系统可分为集中式空调系统、半集中式空调系统、分散式空调系统。

（1）集中式空调系统

所有的空气处理设备(加热器、冷却器、过滤器、加湿器等)以及通过风机等设备都设在一个集中的空调机房内,处理后的空气经风道输送到各空调房间。空气处理所需的冷源、热源可以集中在冷冻机房或锅炉房内。集中式空调系统处理的空气量大,有集中的冷、热源,运行可靠,便于管理和维修,但机房占地面积较大(图5-7)。

（2）半集中式空调系统

该系统除了设有集中在空调机房的空气处理设备可以处理一部分空气外,还有分散在被空调房间内的空气处理设备。它们可以对室内空气进行就地处理或对来自集中处

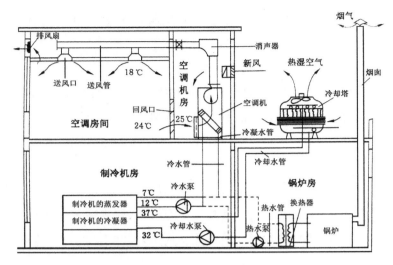

图 5-7 集中式空调系统示意

（来源：黄炜. 建筑环境与设备[M]. 徐州：中国矿业大学出版社，2006.）

理设备的空气进行补充处理，以满足不同房间对送风状态的不同要求。诱导器系统、风机盘管系统等均属于这一类。

（3）分散式空调系统

分散式空调系统又称为局部空调系统。该系统的特点是将冷（热）源、空气处理设备和空气输送设备全部或部分集中在一个空调机组内，组成整体式或分散式等空调机组，可以根据需要，灵活、方便地布置在各空调房间或邻近房间，将处理的空气送入空调房间。分散式空调系统又可以分为窗式空调器系统、分体式空调器系统、柜式空调器系统等。

2. 按负担室内负荷所用介质不同

按负担室内负荷所用介质不同，空调系统可分为全空气系统、全水系统、空气—水系统、冷剂系统。

（1）全空气系统

全空气系统是指空调房间的室内负荷全部由经过处理的空气来承担的空调系统。由于空气的比热容较小，需要较多的空气量才能达到消除余热余湿的目的，因此要求有较大断面的风道，占用建筑空间较多。它可以分为定风量系统和变风量系统（图 5-8 左）。

（2）全水系统

全水系统是指空调房间的热湿负荷全部靠水作为冷热介质来承担的空调系统。由于水的比热容比空气大得多，所以在相同条件下只需要较小的水量，这样输送管道占用的空间较少。但是仅靠水来消除余热余湿并不能解决空调房间的通风换气的问题，室内空气品质较差,因而通常不单独采用这种方法(图 5-8 右)。

(3) 空气—水系统

空气—水系统是指由空气和水共同负担空调房间热湿负荷的空调系统。该系统有效地解决了全空气系统占用建筑空间大和全水系统中空调房间通风换气的问题。风机盘管＋独立新风系统就是属于这一类。

(4) 冷剂系统

冷剂系统是指将制冷剂系统的蒸发器直接放在空调房间来吸收房间余热、余湿,常用于分散安装的局部空调机组。

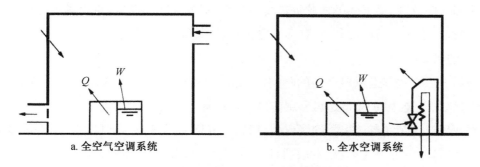

图 5-8　全空气空调系统和全水空调系统

(来源:付海明.建筑环境与设备工程系统分析及设计[M].上海:东华大学出版社,2006.)

3. 核心筒内空调机房管井设置以及其形式、数量与面积关系

全空气定风量空调系统、全空气变风量(Variable Air Volume,VAV)空调系统(包括地板送风系统)、风机盘管加新风系统的管井类型详见表 5-8。此外,多联机空调(热泵)系统和水环热泵空调系统均需预留一个新风空调机房,前者管井包括新风井、水源热泵系统、冷却水管井;后者管井包括新风井、冷却水管井。

表 5-8　核心筒内空调机房形式、数量与面积关系

空调系统形式	空调机房类型	空调机房总面积/m²	建议机房个数/个	管井
全空气定风量空调系统	组合式空调机房	约 36	1～2	新风井、排风井、冷冻(热水)水管井
全空气变风量(VAV)空调系统(包括地板送风系统)	组合式空调机房	约 36	2	新风井、排风井、冷冻(热水)水管井
风机盘管加新风系统	新风空调机房	约 15	2	新风井、冷冻(热水)水管井

(资料来源:中国建筑学会.建筑设计资料集:第 3 分册[M].3 版.北京:中国建筑工业出版社,2017.)

5.3.2 空调房间的气流组织

为实现某种特定的气流流型,以保证空调效果、提高空调系统的经济性而采取的一些技术措施,即气流组织。影响气流组织的因素较多,其中主要的是送风、回风的方式和送风射流参数。空调房间气流组织设计,应根据空调区的温湿度参数、允许风速、噪声标准、空气质量以及空气分布特性指标(ADPI)等要求,结合内部装修、工艺或家具布置等确定;复杂空间空调区的气流组织设计,宜采用流体动力学(CFD)数值模拟计算。风管布置要注意干管应在净高要求低的部位,如走廊等;支管可布置在房间。风管尺寸要结合走廊和房间宽度、梁下到吊顶龙骨之间的净空、安装空间等设置,给给排水(给水管、排水管、消火栓管、喷淋管等)和电器(强弱电桥架、灯具等)等留出适当空间。

1. 送风口

根据送风方式和送风口类型的不同,常见的空调区气流组织送风形式有侧面送风、散流器送风、条缝送风、喷口送风和旋流风口送风等。

侧面风口安装在空调房间侧墙或风道侧面,有格栅风口、百叶风口等,用得最多的是活动百叶风口,主要分为单层、双层两种。散流器是安装在顶部的送风口,外形有圆形、方形、矩形、圆盘形等,是民用建筑空调常用的风口形式之一。通过调节散流片的倾斜度可实现气流的平送或下送,平送气流贴附顶部向四周扩散,适用于房间层高较低的场合;下送气流向下扩展,适用于房间层高较高的场合。条缝形风口一般设置在吊顶或侧墙上,有单条缝、双条缝、多条缝等形式。喷口适用于高大空间的送风,特点是风口无叶片阻挡,噪声小,紊流系数小,射程长。旋流送风口的送风气流经旋转叶片进入集尘箱,形成旋转气流由格栅送出,可用于机房地面送风等。

空调区的送风方式及送风口选型,应符合下列规定:①宜采用百叶、条缝型等风口贴附侧送;当侧送气流有阻碍或单位面积送风量较大,且人员活动区的风速要求严格时,不应采用侧送。②设有吊顶时,应根据空调区的高度及对气流的要求,采用散流器或孔板送风。当单位面积送风量较大,且人员活动区内的风速或区域温差要求较小时,应采用孔板送风。③高大空间宜采用喷口送风、旋流风口送风或下部送风。④变风量末端装置应保证在风量改变时,气流组织满足空调区环境的基本要求。⑤送风口表面温度应高于室内露点温度;低于室内露点温度时,应采用低温风口。

2. 回风口

常用的有格栅、单层百叶、金属网格等形式。

因其汇流速度衰减较快,作用范围小,回风口回风速度的大小对室内气流组织的影响相对送风口要小。回风口吸风速度不宜过大,否则会令人感觉不舒服且增加噪声。回风口断面应尽可能小,以节约投资。

空气调节区内的气流流型主要取决于送风射流,回风口的位置对室内空气流型及温度、速度的均匀性影响不大。设计中应避免送风口和回风口之间的距离过小,形成气流短路和产生"空调死区"等现象,保证室内空气循环的均匀性。

5.3.3 典型案例分析

1. 镇江广播电视中心

(1) 概况

该建筑位于镇江市区北部,主楼为地上 21 层、地下 1 层,建筑高度为 99.75 m,主要功能包括电视演播、技术制作及播控、电台直播及制作、行政办公、地下车库、设备区及部分出租商务办公用房。

(2) 主要创新及特点

① 对特殊声学要求的演播室、播音室、直播间等的消声设计及技术措施,包括空调、通风机房设置的位置不贴邻有声学要求的房间。② 建筑隔声设计,包括内墙面和各个机电用房的墙面吸声设计。③ 设备的减振,包括机房内部的空调箱、风机、制冷设备、水泵等作隔声处理,在邻近声学要求高的设备机房的地面采用浮筑结构的做法。

2. 广州珠江新城 F2-4 地块项目

(1) 项目简介

广州珠江新城 F2-4 地块项目由广东省建筑设计研究院设计,获得了 2017 年度的全国优秀工程勘察设计行业奖(建筑环境与能源应用专业)二等奖。建筑设计方案由澳大利亚 WOODS GAGOT(伍兹贝格)设计。该项目为一座超高层建筑,由 1 栋裙楼和 3 栋塔楼组成,地下室为 4 层,裙房 6 层,西塔楼 17 层(酒店式公寓,高度为 66 m),北塔楼 46 层(超甲级办公楼,高度为 201 m),南塔楼 49 层(7~28 层为超甲级办公楼,29~49 层为国际五星级酒店,高度为 250 m)。

(2) 设计思路

强调"以人为本"的理念,保证室内人员舒适与健康的需求。空调系统设有自动控制中心,通过与整个智能系统的结合,利用远距离的监控使系统操作管理趋于完善。针对新、排风设置空气净化回收装置,保证室内外空气品质和减少能耗。充分利用成熟的先进技术,如冷水温差供水系统、变频泵系统、空气能量回收系统,达到节能的目的。

3. 南京青奥中心

设计在以下方面有一定的特点:① 采用高效隔热材料。南京青奥双子塔的外墙采用了高效隔热材料,有效地减少了建筑体的热损失,从而降低了冷暖负荷。此外,建筑内部也采用了隔热玻璃窗户和高效节能灯具等节能设施。②采用空气源热泵系统。该系统可利用室外空气温度高低的变化,实现建筑的冷暖自适应调节,从而达到节能的目的。③应用太阳能光伏技术。在建筑屋顶设置了大面积的太阳能光伏板,通过收集太阳能发电,为建筑提供了一定的电力支持,从而减少了电网的负荷压力。

5.4 高层建筑防排烟设计要点

5.4.1 高层建筑防烟概念及设计要求

1. 防烟的概念

防烟系统主要有自然通风方式的防烟系统和机械加压送风方式的防烟系统2种形式。

自然通风方式的防烟系统是通过热压和风压作用产生压差,形成自然通风,以防止火灾烟气在楼梯间、前室、避难层(间)等空间内积聚。通常采取在防烟楼梯间的前室或合用前室设置全敞开的阳台或凹廊,或者采取2个及以上不同朝向的符合面积要求的可开启外窗的方式实现自然通风(图5-9)。

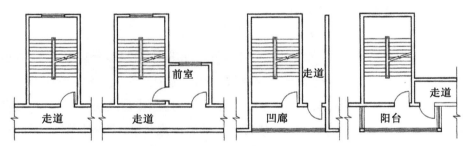

图5-9 自然通风方式的防烟系统

(来源:中华人民共和国住房和城乡建设部,中华人民共和国国家质量监督检验检疫总局.建筑设计防火规范(GB 50016—2014)[S].北京:中国建筑工业出版社,2018.)

机械加压送风方式的防烟系统是通过送风机送风,使需要加压送风部位(如防烟楼梯间、消防前室等)的压力大于周围环境的压力,以阻止火灾烟气侵入楼梯间、前室、避难层(间)等空间。为保证疏散通道不受烟气侵害,使人员能够安全疏散,发生火灾时,加压送风应做到防烟楼梯间压力>前室压力>走道压力>房间压力。

2. 高层建筑防烟设施设置

(1)建筑的下列场所或部位应设置防烟设施:防烟楼梯间及其前室;消防电梯间前室或合用前室;避难走道的前室、避难层(间)。

（2）建筑高度不大于50 m的公共建筑和建筑高度不大于100 m的住宅建筑,当其防烟楼梯间的前室或合用前室符合下列条件之一时,楼梯间可不设置防烟系统：前室或合用前室采用敞开的阳台、凹廊；前室或合用前室具有不同朝向的可开启外窗,且可开启外窗面积满足自然排烟口的面积要求。

（3）建筑高度超过50 m的公共建筑和建筑高度超过100 m的居住建筑,防烟楼梯间、消防电梯间前室、合用前室不论有无外窗,均应设机械加压送风防烟设施。

3. 高层建筑防烟系统设计

（1）防烟楼梯间及其前室

除建筑高度超过50 m的一类公共建筑和建筑高度超过100 m的居住建筑外,防烟楼梯间、合用前室防烟系统要满足以下要求：①防烟楼梯间、合用前室均具备自然排烟条件,均设自然排烟。②合用前室具备自然排烟条件,设自然排烟；防烟楼梯间设机械加压送风。③防烟楼梯间具备自然排烟条件,设自然排烟；合用前室设机械加压送风。④防烟楼梯间、合用前室均不具备自然排烟条件,防烟楼梯间、合用前室宜分别独立设机械加压送风。此外,加压送风口层数要求为：防烟楼梯间每隔2～3层（按最经济理念）设1个加压送风口；3种前室每层设1个加压送风口。

（2）剪刀防烟楼梯间防烟系统

除建筑高度超过50 m的一类公共建筑和建筑高度超过100 m的居住建筑外,剪刀防烟楼梯间具备自然排烟条件,设自然排烟；不具备自然排烟条件,独立设机械加压送风。机械加压送风按两个防烟楼梯间计算。

（3）消防电梯前室防烟系统

除建筑高度超过50 m的一类公共建筑和建筑高度超过100 m的居住建筑外,消防电梯前室防烟系统具备自然排烟条件,设自然排烟；不具备自然排烟条件,独立设机械加压送风。

（4）自然排烟方式的开窗面积

①防烟楼梯间每五层内可开启外窗总面积之和不应小于2 m^2；②防烟楼梯间前室、消防电梯前室每层可开启外窗面积不应小于2 m^2；③合用前室每层可开启外窗面积不应小于3 m^2；④建筑高度超过50 m的一类公共建筑和建筑高度超过100 m的居住建筑,不满足（不允许）自然排烟。

（5）避难走道的前室、避难层（间）

避难层的防烟系统可根据建筑构造、设备布置等因素选择自然通风系统或机械加压送风系统。设置机械加压送风系统时,其送风系统应独立设置。避难走道应在其前室及避难走道分别设置机械加压送风系统（图5-10）,但下列情况可以仅在前室设置机械加压送风系统：①避难走道一端设置安全出口,且总长度小于30 m；②避难走道两端设置安全出口,且总长度小于 60 m。同一避难走道的多个前室可合并设置加压送风系统,但加压送风主管应设于避难走道内,合用系统的计算风量应按所负担前室的疏散门总面积乘以 1.0 m/s 计算确定。

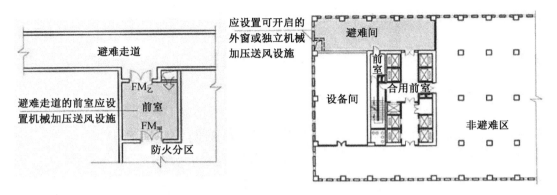

图 5-10　避难走道和避难层(间)的防烟设施

(来源:中国建筑标准设计研究院.《建筑设计防火规范》图示:按建筑设计防火规范 GB 50016—2014 编制[M].北京:中国计划出版社,2014.)

5.4.2　高层建筑排烟概念及设计要求

1. 排烟的概念

排烟系统主要有自然排烟系统和机械排烟系统 2 种形式。自然排烟系统是利用火灾产生的热烟气流的浮力和外部风力的作用,通过房间、走道的开口部位把烟气排至室外。机械排烟是通过排烟机抽吸,使排烟口附近压力下降,形成负压,进而将烟气通过排烟口、排烟管道、排烟风机等排出室外。

2. 高层建筑设置排烟设施的场所

民用建筑的下列场所或部位应设置排烟设施:①设置在一、二、三层且房间建筑面积大于 100 m² 的歌舞、娱乐、放映、游艺场所,设置在四层及以上楼层、地下或半地下的歌舞、娱乐、放映、游艺场所;②中庭;③公共建筑内建筑面积大于 100 m² 且经常有人停留的地上房间;④公共建筑内建筑面积大于 300 m² 且可燃物较多的地上房间;⑤建筑内长度大于 20 m 的疏散走道。

地下或半地下建筑(室)、地上建筑内的无窗房间,当总建筑面积大于 200 m² 或一个房间建筑面积大于 50 m²,且经常有人停留或可燃物较多时,应设置排烟设施。

3. 排烟设计要求

具备自然排烟条件时,设自然排烟。不具备自然排烟条件时,设机械排烟。防烟分区内的排烟口距最远点的水平距离不应超过 30 m。排烟口应设在顶棚或靠近顶棚的墙面上,且与附近安全出口沿走道方向相邻边缘之间的最小水平距离不应小于1.5 m(排烟口在走道距前室门、封闭楼梯间门不应小于1.5 m;排烟口在房间距房间门不应小于1.5 m)。设在顶棚上的排烟口,距可燃烧物构件或可燃物的距离不应小于1 m。

自然排烟方式的开窗面积:①走道、房间不应小于走道、房间面积的2%;②中庭有天窗或高侧窗采用自然排烟时,不应小于中庭地面积的5%。中庭高度超过12 m时只能机械排烟。

排烟管道穿越排烟机房、穿过防火分区隔墙、每支排烟支管上应设防火阀。排烟系统防火阀的动作温度为280 ℃。

4. 其他要求

通风、空调、新风、加压送风、排烟补风管防火阀要求:①穿越防火分区的隔墙和楼板处;②穿越通风、空调机房及重要的或火灾危险大的房间隔墙和楼板处;③穿层的垂直风管与每层水平风管交接处的水平管段上;④穿越变形缝的两侧;⑤通风、空调系统防火阀的动作温度为70 ℃等。

5.5　高层建筑电气设计

5.5.1　建筑电气系统

建筑电气系统是管理建筑用电的一种系统,按电气系统的功能与施工分工的习惯,可以分为:①以供配电与照明为主的强电部分,包括供配电、变配电、电力、照明、防雷、接地、自动控制系统主回路等;②以通信与自动控制系统为主的弱电部分,包括电话、广播、电缆电视系统、消防报警与联动系统、防盗系统、公用设施(给排水、采暖、通风、空调、冷库等)等的自动控制以及建筑物自动化、通信系统网络化、办公自动化等。此外,建筑电气系统还包括动力设备系统。

1. 电气系统组成

(1) 变电和配电系统

建筑物内用电设备运行的允许电压(额定电压)出于用电安全大都低于380 V,但输电线路一般电压为10 kV、35 kV或以上。因此,独立的建筑物需设自备变压设备,并装设低压配电装置。这种变电、配电的设备和装置组成变电和配电系统。

(2) 照明系统

照明系统包括电光源、灯具和照明线路。根据建筑物的不同用途,对电光源和灯具有不同的要求(见电气照明系统)。照明线路应供电可靠、安全,电压稳定。

(3) 防雷和接地装置

建筑防雷装置能将雷电引泄入地,使建筑物免遭雷击。另外,从安全考虑,建筑物内用电设备中不应带电的金属部分都需要接地,因此要有统一的接地装置。

(4) 弱电系统

弱电系统主要用于传输信号,如电话系统、有线广播系统、消防监测系统、闭路监视系统、共用电视天线系统、对建筑物中各种设备进行统一管理和控制的计算机管理系统等(见建筑电气信号系统)。

(5) 动力设备系统

建筑物内有很多动力设备,如水泵、锅炉、空气调节设备、送风和排风机、电梯、试验装置等。这些设备及其供电线路、控制电器、保护继电器等组成动力设备系统。

2. 电力负荷

电力负荷应根据对供电可靠性的要求及中断供电在政治、经济上所造成损失或影响的程度进行分级。

(1) 一级负荷

①中断供电将造成人身伤亡时。②中断供电将在政治、经济上造成重大损失时。③中断供电将影响有重大政治、经济意义的用电单位的正常工作。在一级负荷中,当中断供电将发生中毒、爆炸和火灾等情况的负荷,以及特别重要场所的不允许中断供电的负荷,应视为特别重要的负荷。④ 一类高层民用建筑的消防用电应按一级负荷供电。

(2) 二级负荷

①中断供电将在政治、经济上造成较大损失时。②中断供电将影响重要用电单位的正常工作。③二类高层民用建筑的消防用电应按二级负荷供电。

(3) 三级负荷

不属于一级和二级负荷者应为三级负荷。

按一、二级负荷供电的消防设备,其配电箱应独立设置。消防配电设备应设置明显标志。

5.5.2 高层建筑电气设计要点

1. 配电室及电气竖井

配电室是指带有低压负荷的室内配电场所,主要为低压用户配送电能,设有中压进线(可有少量出线)、配电变压器和低压配电装置。10 kV 及以下电压等级设备的设施,分为高压配电室和低压配电室。高压配电室一般指 6~10 kV 高压开关室;低压配电室一般指 20 kV 或 35 kV 站用变出线的 400 V 配电室。配电房是指电压等级在 35 kV 等级以下,内部安装有开关、互感器、电容器以及相关的保护测量装置。

电气竖井分为强电和弱电竖井。电气竖井是供配电系统的中间环节,连接配电房和用电终端负荷。如设计不合理将造成用电损耗加大、线路消耗过长、管理不便、对其他设施与功能产生干扰。

① 电气竖井宜在建筑内上下贯通对齐、不影响建筑功能的前提下,应上到天面及下落到地下最底层,做成"顶天立地"的形式。

② 有楼板的房间,并不是上下直通的井道。楼层间钢筋混凝土楼板应做防火密闭隔离。

③ 当建筑条件受限制时,可利用竖井外的公共走道满足操作、检修距离要求,竖井净深不小于 0.8 m。

④ 竖井设置位置应满足:a. 电气竖井不宜和电梯井道、卫生间贴邻,当无法避免与卫生间贴邻时,应在贴邻面增加一道防水墙。b. 电气竖井不宜与其他设备井道贴邻,以避免不同专业管道交叉。c. 电气竖井至少有一面墙是朝向公共区域。d. 宜按防火分区单独设置,避免同一防火分区设置 2 个不同供电防火分区电气竖井。e. 电气竖井宜靠近负荷中心,每个竖井布置应靠近配电房及防火分区的偏向中央区域,竖井内配电箱的供电半径不宜超过 30~50 m。

⑤ 竖井大小除应满足布线间距及端子箱、配电箱布置所必须尺寸外,宜在箱体前留有不小于 0.8 m 的操作、维护距离。

⑥ 墙体应为耐火极限不低于 1 h 的不燃烧体。检修门应不低于丙级防火门,设 15~30 cm 门槛,每层设置且均对外开向公共区域。

独立的电气管井只考虑垂直方向走线,不考虑楼层配电箱的安装,长度按实际需要定,当只有桥架时,宽度为 400~600 mm;有母线时,宽度为 600~800 mm(图 5-11)。与楼层配电间合用的电气管井需同时考虑垂直方向走线和楼层配电箱的安装,长度按实际需要定,可利用强电间 4 面墙安装母线、桥架、各种配电箱等,箱体前操作距离大于 800 mm。

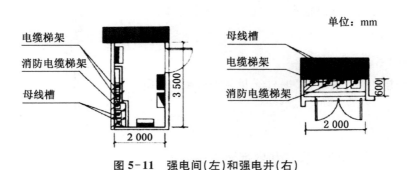

图 5-11 强电间(左)和强电井(右)

弱电间位置宜上下层对位,它用于安放垂直线槽、挂墙机箱和落地机柜,内部应设置

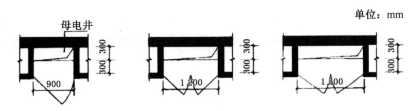

图 5-12　单门弱电井(左)和双门弱电井(中、右)

(图 5-11～图 5-12 来源:中国建筑学会.建筑设计资料集:第 3 分册[M].3 版.北京:中国建筑工业出版社,2017.)

弱电井,深度为 0.3～0.4 m,宽度为弱电间短边通长(图 5-12),安装线槽后按规范做防火封堵。同时其开门净宽不宜少于 800 mm。

2. 建筑电气节能设计

控制电气照明是照明能源使用与节约的重要策略。照明控制包含根据日光自动调暗灯光,根据占用情况调节光线强度、开闭以及执行流明的维护。电气照明的组成部分包括控制照明系统来优化人工照明,可以通过连接系统控制每个灯具或整个建筑物及楼层的灯光;控制系统通常依赖单个日光传感器,它位于电路(或灯具)中心大面积的天花板上,并在传感器本身或内部进行现场校准;控制器保持恒定的照度;控件可在其预备级别(灯光级别范围)中进行调节,具有阶梯式或连续式照明范围。

(1) 光传感器和控制器

所有类型的广电控制元件都是传感器,它检测日光的强度并向控制器发出信号,控制器将相应地调整照明。控制器位于电路的开头,并结合算法处理来自光电传感器的信号。

(2) 调光和开关装置

调光和开关装置通过改变流向电灯的功率,平滑地改变电灯的光输入。如日光低于目标照度,则控件会增加照明,为工作平面提供适当照明。

(3) 使用人员感应器

使用人员感应器可以根据员工使用情况自动调节灯光。

(4) 节约电能

通过智能的控制系统,根据日光量调节光线,实现能源节约。

3. 防雷装置

防雷装置由外部防雷装置和内部防雷装置组成,用于减少雷击造成的物质性损害和人身伤亡。

① 外部防雷装置由接闪器、引下线和接地装置组

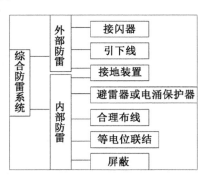

图 5-13　综合防雷系统组成示意

(来源:中国建筑学会.建筑设计资料集:第 3 分册[M].3 版.北京:中国建筑工业出版社,2017.)

成,用于直击雷的防护。

② 内部防雷装置由等电位联结、共用接地装置、屏蔽、合理布线、电涌保护器等组成,用于减小和防止雷电流在需防护空间内产生的电磁效应。

③ 在建筑物的地下室或地面层处,以下物体应与防雷装置作防雷等电位联结:a. 建筑物金属体;b. 金属装置;c. 建筑物内系统;d. 进出建筑物的金属管线。

参 考 文 献

[1] 何锦超,孙礼军. 高层建筑标准层平面设计100例[M]. 北京:中国建筑工业出版社,2005.

[2] 胡江渝. 城市与建筑的共生:高层综合体外部空间和造型设计研究[D]. 重庆:重庆大学,2001.

[3] 雷春浓. 现代高层建筑设计[M]. 北京:中国建筑工业出版社,1997.

[4] 中华人民共和国住房和城乡建设部,中华人民共和国国家质量监督检验检疫总局. 建筑抗震设计规范(GB 50011—2010)[S]. 北京:中国建筑工业出版社,2016.

[5] 中华人民共和国住房和城乡建设部. 高层建筑混凝土结构技术规程(JGJ 3—2010)[S]. 北京:中国建筑工业出版社,2011.

[6] 中华人民共和国住房和城乡建设部,中华人民共和国国家质量监督检验检疫总局. 建筑设计防火规范(GB 50016—2014)[S]. 北京:中国建筑工业出版社,2018.

[7] 张清. 场地设计:作图题[M]. 北京:中国电力出版社,2018.

[8] 冯刚. 高层建筑课程设计[M]. 南京:江苏人民出版社,2011.

[9] 卓刚. 高层建筑设计[M]. 3版. 武汉:华中科技大学出版社,2020.

[10] 中国建筑学会. 建筑设计资料集:第3分册[M]. 3版. 北京:中国建筑工业出版社,2017.

[11] 中国建筑学会. 建筑设计资料集:第8分册[M]. 3版. 北京:中国建筑工业出版社,2017.

[12] 中华人民共和国住房和城乡建设部,中华人民共和国国家质量监督检验检疫总局. 汽车库、修车库、停车场设计防火规范(GB 50067—2014)[S]. 北京:中国建筑工业出版社,2015.

[13] 吕恒柱,刘亚军,徐从荣,等. 南京景枫中心办公楼超限结构设计[J]. 青岛理工大学学报,2018(1):33-41.

[14] 中国建筑标准设计研究院. 《建筑设计防火规范》图示:按建筑设计防火规范 GB 50016—2014 编制[M]. 北京:中国计划出版社,2014.

[15] 《注册建筑师考试教材》编委会,曹纬浚. 一级注册建筑师考试建筑技术设计(作图)应试指南[M]. 北京:中国建筑工业出版社,2017.

[16] 章丛俊,徐新荣. 结构与建筑[M]. 北京:中国建筑工业出版社,2016.

[17] 白莉. 建筑环境与设备概论[M]. 长春:吉林大学出版社,2008.

[18] 黄炜. 建筑环境与设备[M]. 徐州:中国矿业大学出版社,2006.

[19] 蔡大庆,郭小平. 健康与绿色建筑[M]. 武汉:华中科技大学出版社,2022.

[20] 中国勘察设计协会建筑环境与能源应用分会. 全国勘察设计建筑环境与能源应用工程专业优秀工程-1[M]. 北京:中国建筑工业出版社,2018.

[21] 世界高层建筑与都市人居学会(CTBUH),中国高层建筑国际交流委员会(CITAB). 中国最佳高层建筑:2016年度中国摩天大楼总览[M]. 上海:同济大学出版社,2016.

[22] 韦彬. 超高层建筑结构选型及经济性分析[J]. 城市建筑,2021,18(23):88-90.

[23] 王洪礼. 千米级摩天大楼建筑设计关键技术研究[M]. 北京:中国建筑工业出版社,2017.

[24] 卡米力·外力. 高层建筑结构选型设计及建筑结构优化设计策略[J]. 绿色环保建材,2021(4):69-70.

[25] 徐明华. 谈建筑结构选型的影响因素及其对策[J]. 住宅与房地产,2018(21):196.

[26] 刘明国,姜文伟,于琦. 南京金鹰天地广场连接体施工方案影响分析[J]. 建筑结构,2019(4):22-27.

[27] 中华人民共和国住房和城乡建设部. 中华人民共和国国家标准建筑给水排水设计标准(GB 50015—2019)[S]. 北京:中国计划出版社,2019.

[28] 付海明. 建筑环境与设备工程系统分析及设计[M]. 上海:东华大学出版社,2006.

[29] 中华人民共和国住房和城乡建设部. 民用建筑供暖通风与空气调节设计规范 附条文说明:GB 50736—2012[S]. 北京:中国建筑工业出版社,2012.

[30] 李锐. 通风与空气调节[M]. 北京:机械工业出版社,2022.

[31] 公绪金. 民用建筑空气调节[M]. 北京:中国建筑工业出版社,2021.

第六章
高层建筑绿色低碳技术及案例解析

6.1 高层建筑应对气候变化的思考及可持续目标

6.1.1 高层建筑应对气候变化的思考

随着全球气候变暖以及生态环境的日益恶化,高层建筑可持续性设计的呼声日渐高涨。越来越多的专业人士意识到室内生态环境存在许多问题,尤其是超高层建筑。高层建筑设计在技术层面上,应考虑合理的结构设计并运用绿色技术,把绿色引入建筑内部,为城市增添新的活力。全球设计师不断探索营造高层建筑健康舒适生态环境的设计方法,如高层建筑与城市绿洲的创建、以环境为构思基点的高层建筑设计、高层建筑空中花园及屋顶绿色景观设计、高层建筑垂直绿化与表皮设计等,创造宜居的生活环境。

美国绿色建筑委员会建立并推行的"绿色建筑评估体系"(Leadership in Energy & Environmental Design,LEED),是在世界各国的各类建筑环保评估、绿色建筑评估以及建筑可持续性评估标准中被认为是最完善、最有影响力的评估标准。LEED评估体系包括4个级别:认证(LEED Certified)、银牌(Silver Certification)、金牌(Gold Certification)和铂金级(Platinum Certification)。其根据位置与交通、可持续场地、用水效率、能源表现、材料来源、室内环境这6大指标进行打分,并根据最后的总分发证,分别授予建筑铂金、金、银和认证,其中认证级分数需达到40~49分,银级为50~59分,金级为60~79分,铂金级为80分及以上。英国的建筑研究院环境评估方法(Building Research Establishment Environmental Assessment Method,BREEAM)指出,如果想得到更高的评分优秀等级(Excellent)或者杰出等级(Outstanding),则需要付出更大的努力,其中认证级分数需达到规定分值,优秀级不低于70分,杰出级不低于85分。

我国的国家标准《绿色建筑评价标准》(GB/T 50378—2019)，以贯彻落实绿色发展理念、推动建筑高质量发展、节约资源保护环境为目标，创新重构了"安全耐久、健康舒适、生活便利、资源节约、环境宜居"五大指标体系。在2014版规定的绿色建筑等级为一星级、二星级、三星级基础上，增加绿色建筑基本级，全面推广绿色建筑。

1. 不同国家的应对气候变化的对策

中国的高层建筑正面临更多挑战，立足于城市与文化的发展是时代的选择，是顺应社会进步的产物。这不仅需要系统地将这个复杂的问题分层化，还要在新时代背景下更好地诠释。基于本土传统文化和生态文化的建筑设计成为新时代的建筑趋势，即"生态性、文化性与时代性"成为新时代建筑师责任担当的体现。由此多层面相互补充与激发，并以整合思路在高层建筑设计与生态文化、艺术内涵之间建立联系且融合、继承与发展。例如我国住房和城乡建设部为推动我国城市绿色低碳发展，探索和推广适合我国的现代木结构建筑技术，与加拿大合作开展了低碳生态城区试点和多高层木结构建筑技术应用工程示范，同时与加拿大自然资源部签署了《关于生态城市建设技术的合作谅解备忘录》，包括现代木结构建筑技术应用，木结构与钢筋混凝土结构或钢结构相结合的混合结构建筑，高标准建筑节能系统和材料，高效可再生能源系统和区域能源综合解决方案，水资源利用和生活垃圾处理系统，固体废弃物处理、回收、压缩和处置，城市绿色生态规划、建设、管理技术如生态城市规划、城市设计、城市基础设施与维护、绿色交通等。

各国对环境和生态问题的关注已超过了不可再生能源消耗问题，成为一种更加全面的方法。英国的伦敦规划确认了高层建筑对环境的潜在影响，伦敦采取了一套相当严格的措施来适应气候变化、能源再生、自然加热和空调系统、混合用途和公共交通开发等问题，塔楼建筑必须符合国家、地区和当地的生态标准。德国法兰克福在最开始对高层建筑的开发除了考虑到未来建筑拆除成为可回收材料外，还包括评估生态环境质量、采用能源优化系统、日光和风力管理、最短时间限期内进行建造等。德国最近将德意志银行大楼改建成获得LEED认证的"绿色大楼"工程，标识着其在可持续设计、生态追求方面是一个新的里程碑。我国的住房和城乡建设部强调要合理确定建筑布局。各地要结合城市空间格局、功能布局，统筹谋划高层和超高层建筑建设，相对集中布局。严格控制生态敏感、自然景观等重点地段的高层建筑建设，不在对历史文化街区、历史地段、世界文化遗产及重要文物保护单位有影响的地方新建高层建筑，不在山边水边以及老城旧城开发强度较高、人口密集、交通拥堵地段新建超高层建筑，不在城市通风廊道上新建超高层建筑群；同时指出要贯彻落实新发展理念，统筹发展和安全，科学规划建设管理超高层建筑，促进城市高质量发展。

美国纽约州的《气候领导和社区保护法案》(The Climate Leadership and Community Protection Act, 简称《气候法案》)是美国领先的气候议程, 也是最积极的气候和清洁能源倡议, 呼吁有序公正地过渡到清洁能源, 创造就业机会并促进绿色经济。通过将《气候法案》纳入法律, 纽约正在努力到 2040 年实现电力部门零排放的法定目标, 包括到 2030 年实现 70% 的可再生能源发电, 并实现整个经济的碳中和。它以纽约前所未有的清洁能源投资为基础, 包括全州 102 个大型可再生能源和输电项目、减少建筑物排放、扩大太阳能规模、清洁交通计划等。根据《气候法案》, 纽约到 2050 年将温室气体排放量从 1990 年的水平减少 85%, 同时确保至少 35% 的清洁能源投资收益目标中 40% 用于弱势社区, 并推动该州 2025 年能源效率目标的进展等。

2. 建筑师和学者的思考和关注

作为一项全球实践, KPF 建筑设计事务所认为他们有责任设计持久的建筑解决方案, 以减轻其对环境资源的生命周期影响, 并保护和提高他们所服务社区的福祉。鉴于不断升级的气候危机, 他们认为必须设计和倡导有弹性的建筑解决方案, 以最大限度地减少运营和隐含的温室气体排放, 并突破其文化、经济和政治背景的界限。建筑师努力通过最大限度地减少能源、水和废物的影响, 以及投资世界自然基金会的气候行动联盟计划来实现碳中和; 使用集成的工作流程进行设计, 其中形式、围护结构和系统从建筑概念到运营都进行了优化, 从而产生了可持续、弹性和健康的结构和空间。2019 年, KPF 签署了美国建筑师学会(American Institute of Architects, AIA)2030 承诺, 努力到 2030 年实现全电动和碳中和建筑的目标, 即将设计发展为碳中和, 优先考虑项目绩效的透明度, 并每年报告进度。

新加坡为打造世界一流花园城市国家, 公园的整体绿化和景观设计理念也经历了从简单绿化到美化, 再到生物多样化和园林艺术化的升级。公园规划贯穿国家法定规划体系的各个层面。学者黄文森等认为兼具社交、生活与可持续性的高密度垂直 21 世纪巨型城市包括"分层城市""种植城市""呼吸城市""评估城市""自给自足型城市"等多种原型, 来应对气候变化、资源稀缺、快速城市化等城市所面临的问题(表 6-1)。

6.1.2 高层建筑可持续发展的目标及其解析

纵观不同国家的绿色建筑的设计及评价标准, 都将绿色发展的理念置于重要位置, 节约资源, 保护环境, 综合考虑建筑所在地域的气候、环境、资源、经济和文化等特点。我国特别强调要对建筑全寿命期内的安全耐久、健康舒适、生活便利、资源节约、环境宜居等方面进行深入的研究, 为我们应对气候变化提供了方向。

表 6-1　花园型巨型城市的策略

类型	设计策略
分层城市	通过创建极为活跃及其人性化、适应性强的高密度城市环境,为人们提供良好的生活品质,实现长期可持续发展
种植城市	将原生态设计引入建筑中,改善人类健康、舒适度和环境质量,恢复城市的生物多样性,保持生态系统和野生动物栖息地的自然平衡
呼吸城市	打造达到高舒适度的合理气候设计,对气候本地化和被动式响应需适应热带高层建筑形式并转化成现代技术。通过向气候和自然开放内部空间,让热带城市再次"呼吸"
评估城市	设立城市评价体系对"自给自足指数"予以高度重视,该指数衡量的是建筑物提供自身所需能源、食物和用水的能力
自给自足型城市	将地块的水平土地使用分配与其自给自足型城市原型的分层结构进行整合

(来源:黄文森,Hassell R,Yeo A. 花园型巨型城市:全球变暖时代背景下对城市的再思考[M]//世界高层建筑与都市人居学会(CTBUH). 高层建筑与都市人居环境08:巨型城市. 上海:同济大学出版社,2016:46-51. 作者整理)

1. 优化现场潜力和生态系统保护:场地生态、景观设计与生态可持续

可持续建筑首先要选择合适的场地,包括考虑现有建筑的再利用或修复,或使用棕地、灰地或先前开发的场地。保护场地内原有的自然水域、湿地、植被等,保持场地内、外的生态系统的连贯性。建筑物的位置、方向和景观会影响当地的生态系统、交通方式和能源使用。将智能增长原则纳入项目开发过程,安全选址是优化场地设计的关键问题,包括进场道路、停车场、车辆护栏和周边照明的位置。无论是设计新建筑还是改造现有建筑,现场设计必须与可持续设计相结合,以实现项目的成功。可持续建筑的选址应减少、控制或处理雨水径流,充分利用场地空间设置绿化用地,努力在景观设计中支持该地区的本地动植物。

2. 优化能源使用:建筑能效的提高和可再生资源的合理利用

随着建筑对化石燃料资源的需求不断增加,对能源独立性和安全性的担忧日益增加,以及全球气候变化的影响日益明显,必须找到减少能源负荷、提高效率和最大限度地利用联邦设施中的可再生能源的方法。改善现有高层建筑的能源性能对于提高能源独立性非常重要。政府和私营部门组织越来越多地致力于建造和运营净零能源建筑,以显著减少对化石燃料的依赖。例如优化建筑围护结构的热工性能、采取有效措施降低空调系统的末端及输配系统的能耗等、采用节能型电气设备及节能控制措施等、结合当地的气候和自然条件合理利用可再生资源等。

3. 舒适宜居便利:社会空间与绿色空间的结合

评价高层建筑与所处的城市空间是否融洽,相当一部分取决于公众的感受,即人在空间中的感受,设计所创造出来的空间(尤其是绿色空间)给使用者带来的感受。在设计新项目时,考虑到交通组织和景观规划的创新,将其作为以人为本的发展模式的催化剂;将空置或未充分利用的财产重新定位为充满活力的开发项目,释放潜在价值,满足行业快速变化的需求,支持绿色生活方式,以连接现有网络,并适应行人活动和自行车交通的增加;通过了解高层建筑如何为社区做出贡献并使社区受益,解决私人和公共混合使用空间之间的平衡问题等;实现社会空间与绿色空间的结合,并考虑诸如替代工作区、休息区、酒吧、餐厅、屋顶露台、开放式露台和绿地等设施。

4. 保护和节约用水:垂直绿化、雨水收集及节水设备与技术

在世界许多地区,淡水是一种日益稀缺的资源。由于建筑从根本上改变了非建筑用地的生态和水文功能,可持续高层建筑应尽量减少不透水覆盖物,建筑可以在有效用水的同时减少这些影响,并在可行的情况下将水再利用或循环用于现场使用。例如使用较高用水效率等级的卫生器具;绿化灌溉及空调冷却水系统采用节水设备或技术;结合雨水综合利用设施营造室外景观水体,室外景观水体利用雨水的补水量大于水体蒸发量的60%;采用保障水体水质的生态水处理技术等。

5. 优化建筑空间和材料使用:木构等新材料及环保技术的探索

世界人口继续增长,自然资源的消耗将继续增加,对额外商品和服务的需求将继续对现有资源造成压力。至关重要的是实现材料的综合和智能使用,使其价值最大化,防止"上游"污染,并节约资源。可持续建筑的设计和运营旨在其整个生命周期内以最具生产力和可持续性的方式使用和再利用材料,并可在其生命周期内进行再利用。可持续建筑中使用的材料最大限度地减少了生命周期环境影响,如全球变暖、资源枯竭和毒性。环保材料减少了对人类健康和环境的影响,有助于改善工人的安全和健康,降低处置成本。例如合理选择建筑结构材料与构件;建筑装修选用工业化内装部品;选用可再循环材料、可再利用材料及利废建材。

6.2 高层建筑生态环境保护与绿色表皮设计实例

快速城市化造成了绿色、开放和公民空间以前所未有的速度萎缩,加之城市热岛效应的出现,设计师开始探索"种植城市",旨在重新将原生态设计(biophilic design)引入建筑中,由此改善人类健康、舒适度和环境质量,恢复城市的生物多样性,保持生态系统和野生动物栖息地的自然平衡。例如与建筑外墙融为一体的"绿色外墙"可为公众提供视觉上的放松。作为环境过滤器,它们能提供阴凉,减少炫光、灰尘和热量,改善空气质量,并降低交通噪声。

高层绿色表皮不但降低了建筑耗能、美化了城市景观,也是实现绿色建筑的有效途径之一,是未来城市发展的必然趋势。其安全性和可持续性是高层绿色表皮设计主要考虑的问题。智利康塞西翁(Consorcio)大厦、新加坡都市绿塔(Oasia Hotel)等建筑的绿色表皮正是基于垂直绿化的安全性和可持续性,对于该技术的应用,坚持垂直绿化结构与建筑一体化设计策略,将灌溉系统、种植容器、支撑结构、后期维护设施等与高层建筑完美地融合,形成一套集设计、施工及养护等于一体的综合体系,具有施工建设成本较低、安全性能高、绿化效果持续稳定等特点,具有良好的示范工程效果。

6.2.1 圣地亚哥大厦

智利圣地亚哥是地中海气候,夏季炎热干燥,冬季温和潮湿。该高层建筑的平面图呈"小船"的形式。大厦的南侧是最高点,因为2个道路间的开放角度为148°,西立面弯曲,这些曲线也还给了周边建筑一些空间,在角落生成了2个小的广场。因3~10月之间天气炎热最严重,为避免能耗过高的问题,该建筑充分利用绿色技术和自然资源,形成了双重立面:内部有幕墙,外部有植被。这种"双植物立面"减少了太阳能吸收。此外,它还将建筑改造成一个约2 700 m² 的垂直花园,相当于现有房屋的花园,这种植被使建筑焕然一新,在不同的季节呈现出不同的面貌。高层建筑的两个较高的楼层由一个大的金属遮阳板保护,该遮阳板覆盖了建筑并保护了较高的楼层避免日晒(图6-1)。

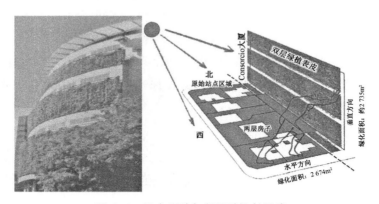

图 6-1 已有绿地与新绿地比较示意

(来源:Wood A, Bahrami P, Safarik D, et al. Green walls in high-rise buildings: an output of the CTBUH Sustainability Working Group[M]. Mulgrave: The Images Publishing Group Pty Ltd, 2014.)

建筑师设计了一种"双植物立面"(面支撑式绿墙),距离建筑物表层1.4 m。植物立面的整合从建筑的前3层开始,因为这些区域都是由街道树木保护的。与此同时,最上面的楼层被1个4.5 m 宽的金属悬臂所遮蔽。此外,为降低热岛效应,在地面上有1个

290 m² 的喷泉且带有水分配器,产生蒸发冷却作用。绿墙系统是由混凝土和植物组成的花盆,由水平铝制的板材构成,这两种面之间的缝隙是用来维修的。为使墙在整个生命期内坚固和有抵抗力,植物品种需要选择低维护的攀缘植物,保证经济和功能的可行性。

外墙采用落叶攀缘植物,以减少建筑物内太阳能的吸收。它还会产生一个烟囱效应,在种植立面和建筑外部之间,将热量从建筑中输送出去。此外,它的立面被改造成一个垂直花园,从建筑的内外部都可以看到。建筑面积约为 2 735 m²,比建筑前的房屋周围的水平绿化面积还要大。具体的举措如下:①在 3~10 月,通过阻止太阳辐射,降低整体能源消耗;②减少整体建筑能源消费和能源成本;③减少街道噪声对室内空间的渗透;④使外观的视觉效果良好。在种植机和网格支持系统的详细视图中显示了冬季的系统,当植物干枯时,允许太阳能进入建筑物。夏天的系统中植物完全生长,提供阴凉。

两种表皮系统的分离也让使用者体验到一年四季的树叶颜色的变化。绿墙可以方便有效地从办公室窗户外的平台进行维护,考虑到经济性、维护优点和季节性美学,植物品种设计师选择了 4 种落叶攀爬植物,夏季门面呈绿色,秋季则呈红色。灌溉系统利用简单的塑料软管,在特定的点释放水滴,并设有自动控制系统调节灌溉。根据光照辐度的不同,上午的灌溉时间为 2 min,下午会达到 3 min。

在立面两种表皮之间的空间,维护工作人员易于进入。此外,员工还可使用园丁升降机,在系统最高位置进行更复杂的维护,如修剪叶片,在春季和夏季对植物和支撑系统进行消毒。此外,能源研究结果表明,有绿色墙支撑的立面减少了约 60% 的太阳辐射,节省了约 20% 的能源。此后通过从住户的每月和每年的能源账单进行研究,结果显示该建筑使用的能源比其他 10 栋建筑的平均能耗低 48%。

6.2.2 新加坡都市绿塔

新加坡都市绿塔,又称 Oasia 酒店(Oasia Hotel)。新加坡都市绿塔地处新加坡高楼遍地的商务区之中,大楼外墙以垂直绿化形式装饰以绿植,为热带城市带去无限凉意与生机,整体的绿色容积率大幅提高。建筑除了带给人们以视觉享受,并在建筑中划分为无数空中花园,为喧嚣的环境留出一片休闲娱乐的场所。建筑的下端以流线型立柱配备玻璃隔墙,视觉上自然流畅,仿似绿植如清凉的瀑布般自然垂下,微风通过玻璃下端吹进室内空间,带来流动的新鲜空气。因绿植环绕,酒店四季温度适宜,大大减少了使用者在密闭室内空调使用次数,从而减少了空调对人的不利影响。大楼本身结合了旅馆和办公空间,在饱和的橙色和红色金属镂空的夹层中,设计了一整片绿荫,从橙色表皮中探出,的确扭转了高层建筑给人的冰冷形象(图 6-2),也为摩天大楼设计提供了一种新思路。

空间特色上,丰富的室外空间在建筑体量内部创造了充满生机与变化的专属景观,

图 6-2　新加坡都市绿塔

（来源：https://www.bing.com）

使得高楼环抱中的建筑无需过度依赖于外部城市环境带来的视觉景观效果。空中花园是城市中的开阔露台，层层叠落、为下层空间投下阴凉，相邻而立的巨大开口则让建筑内外在视觉与空间上皆连为一体。微风通过开口轻抚过室内空间，带来流动的新鲜空气，舒适的公共空间取代了以往封闭且严重依赖于空调调节温度的室内空间。

立面特色上，无论室内抑或室外空间，景观的用途被进一步扩展，成了立面建筑材料中不可或缺的部分。高层建筑也成了鸟类与野生动物栖息繁衍的天堂，将生态多样性带回城市的中心地带，同时也有效地弥补了与周边其他建筑组成的小区域内毫无绿色空间的尴尬局面。在鲜红的铝制金属网的映衬之下，21 种攀缘植被以及花果夹杂其中，为鸟类与昆虫提供了丰富的食物。在未来，这些植被将根据光照、隐蔽度与风力条件占据最适于其生长的空间，逐渐形成色彩、纹理相异的立面效果。而屋顶空间同样延续了沃哈（WOHA）建筑设计事务所独特的设计手法，充满了绿意、生机与多样性。

6.2.3　美国匹兹堡 PNC 广场 1 号

该高层办公楼的绿墙在建造时是北美最大的绿墙，作为匹兹堡金融服务集团（Pittsburgh National Corporation，PNC）对环境的持续承诺，设计尝试一种新的垂直种植思维方式，创造"垂直的有机的公共艺术作品"。设计挑战之一是调节植物对充足阳光的需求，控制其生长方向，并维持适当的植物物种分组。绿墙的设计者卡里·卡赞德（Kari Katzander）表示："在高层建筑上设计垂直花园时需要面对的最大挑战之一是当人在不同楼层移动时，出现不同的生态系统以及光强度的变化、分布的水量变化、风力的变化和可达性变化。"原始系统安装有不锈钢支架和面板系统,直接固定在建筑的钢筋混凝土砌体上。这种绿色墙体系统由植物区域的标准模块化部分组成,作为预装配产品交付现场进行安装,因设备已预先成型为模块,构成系统的所有部件都被点焊在一起以保持结构完整性(图6-3)。

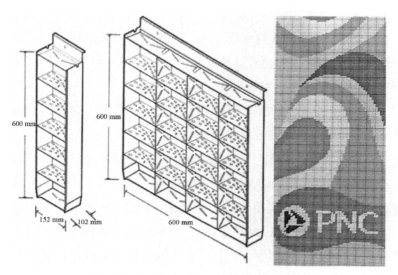

图6-3　原始系统安装和最终设计的局部示意

(来源:Wood A,Salib R. Natural ventilation in high-rise office buildings: an output of the CTBUH sustainability working group[M]. New York: Routledge,2013.)

在以上案例中,绿色表皮起到了保护生态环境的作用。因为绿化植物具有调节气候、保持水土等作用,而且还有净化空气、净化污水和降低噪声等功能。具体包括:①保持大气层中氧气和二氧化碳(CO_2)平衡;②降低大气中有害气体的浓度,植物能吸收氟化氢、二氧化硫、二氧化氮、醛等气体,绿化植物能阻挡、过滤和吸收有害气体,起到净化空气的作用;③减少空气中的放射性物质,它不但能阻隔放射性物质及其辐射,且能过滤和吸收放射性物质;④减少空气中的灰尘,绿化植物能阻挡、过滤和吸附空气中的灰尘;⑤减少空气中的细菌。虽然绿化植物在环境保护中具有维护生态平衡、美化环境和保护人体健康的作用,但如果污染超过了绿化植物所能忍受和缓冲的限度,它们的生长和繁殖就会受到影响,所以要在减少污染的基础上发挥绿化植物的有效功能。

6.3　高层建筑提高能效及被动式技术应用的实例

高层建筑在集约利用土地资源、推动建筑工程技术进步、促进城市经济社会发展等方面发挥积极作用。快速的城市化、资源枯竭和有限的土地进一步增加了市中心摩天大楼的需求。因此,提高高层建筑的性能效率和能量生成能力势在必行。资源生成摩天大楼(Resource-Generative Skyscrapers)是进一步探索和优化摩天大楼生成潜力的可能解决方案,从而解决城市中心资源枯竭的问题;同时利用空中能源和集成主动可再生能源系统的功能,大楼可优化废物能源收集能力。

提高效率的最初方法是减少建筑物的消耗。其主要步骤是利用日光、太阳辐射和自然通风的自然资源,这些资源通过有效的外部单层或双层外壳、太阳能烟囱、集风器等提取。随后,可以相应地开发中央机械系统,无论是水基还是全空气变风量(Variable Air Volume,VAV)空调系统,供水和减少用水可以通过从间歇水位集成的水箱重力供水,再加上使用低流量卫生配件和水回收来实现。

在适应气候和城市化的双重趋势下,正如新加坡、我国等已经发生的那样,这些未来城市在有限的空间和资源上会面临日益增长的压力,而这些将导致密集的混合用途开放的发生。新加坡已经开发了许多用于减少新建建筑运营的能耗的技术和方法以及关注于某部分的优化,包括材料、空调、结构等,而且越来越关注整体层面的优化。此外,积极探索高层建筑的节能环保、智慧化运维,例如在大楼里搭建综合能耗管控平台,通过智能化的平台,可以实现自来水、电、蒸汽、热力、燃气、中水等多类型的能耗管理。能源管理系统可以根据机电系统的特点,定制开发能耗评估体系,对能耗、运行策略、设备故障、环境舒适度、节能效果进行评估、诊断和验证。

6.3.1　以色列特拉维夫的公寓大楼

这座18层的公寓大楼高116 m,共包含17 650 m^2 的住宅空间,其中包括从1居室到4居室不同尺寸的公寓,以及带有双层高空间的屋顶阁楼。以色列属于夏季干热的地中海型气候,特征为漫长而又炎热、少雨的夏季,以及相对较为短暂而又凉爽、多雨的冬季。特拉维夫全年拥有充足的日晒。项目从一开始的定位就不是建造普通的玻璃大楼,而是要应对各种气候上的挑战。设计主要关注了地中海地区的一种建造方式。设计这一地区的项目,意味着不能无限地扩大玻璃立面或依赖空调系统,而要在保证视野的同时尽可能避免阳光直射,由此拱形结构是一个理想的选择。此外,它还能提高建筑结构强度并改善能源表现。

建筑的设计还受到了雅法古城的启发:从石砌的小巷到古建筑厚实的墙壁,这里充满着奇妙的触觉享受。石砌建筑粗糙的材料质感为设计带来灵感。设计通过人工铺砌的砖墙立面来使这种永恒的工艺得到补充和完善。公寓周围环绕着阶梯式的露台,它们作为遮阳装置,能有效地阻挡阳光直射且以自然的方式降低室内的温度。每间公寓都通过拱形结构直接与室外空间相连,露台成了室内空间的一种延伸(图6-4)。

6.3.2 瑞士再保险总部大楼

瑞士再保险总部大楼(Swiss Re Building)位于英国伦敦"金融城",由诺曼·福斯特设计,被誉为21世纪伦敦街头最佳建筑之一。这座摩天大楼采用自然通风,使用节能照明设备,通过被动式太阳能供暖设备等方式来节能,使大楼比普通办公楼节省50%的能源损耗。同时,它也是由可再利用的建筑材料建造而成的,是一个优美而讲求高科技的杰作。曲线体形在建筑周围对气流产生引导,使其和缓地通过,这样的气流被建筑边缘锯齿形布局的内庭幕墙上的可开启窗扇所"捕获",帮助实现自然通风,并且可以避免由于气流在高大建筑前受阻,在建筑周边产生强烈下旋气流和强风。

图 6-4 特拉维夫拱廊

(来源:https://www.bing.com)

瑞士再保险总部大楼由一个具有径向几何结构的圆形平面生成,随着其上升,轮廓变宽,并向顶点逐渐变细。这种独特的形式响应了场地的限制:建筑轮廓朝向基座的缩小最大限度地提高了街道水平的公共领域。在环境方面,与类似尺寸的直线塔相比,其外形减少了风偏,有助于在地面保持舒适的环境,并产生了外部压差,从而驱动独特的自然通风系统。建筑表面分布着螺旋形结构的暗色条带,建筑周边气流被内庭幕墙的开启扇所捕获之后,在空气动力学曲线所带来的上下楼层间的风压差的驱动下,沿螺旋形排布的内庭中盘旋而上。这些空间是建筑的"肺",通过立面的开口板分配吸入新鲜空气,减少了建筑对空调的依赖,加上其他可持续措施,它只使用传统空调办公楼所消耗的一半能源。立面上的6条深色的螺旋线所标示的是6条引导气流的通风内庭,明确地体现了建筑内部的逻辑;该内庭的作用远不止是大号通风井,同时也是该建筑得以使用自然光照明的采光井并使室内保持视觉联系,打破层与层界限的共享空间(图6-5)。

它是伦敦第一座生态高楼,在技术、建筑、社会和空

图 6-5 瑞士再保险总部大楼

(来源:https://www.fosterandpartners.com/)

间方面都采用了激进的方法。大厦具有强烈的生态和环境保护意识,并将现代气息与周围自然环境融合在一起。除了平面布局和幕墙设计等建筑化的手段,福斯特试图在更加策略化的方面推进可持续发展的环境建筑设计理念:①使用天然气这种清洁能源作为建筑燃料。②在所有可能的地方使用低能耗照明。③非中心化,分楼层地根据需要提供和控制的机械通风,比供给建筑的中央式系统减小了能耗。④在城市尺度的考虑中对交通系统做出较激进的改革。如尽量依靠基地周围成熟的公共交通体系,减少对私车的依赖;底层提供比最低标准大3倍的自行车准备区域,其中包括淋浴和更衣设施;鼓励使用替代性的交通方式;建筑中除残疾人车位外不提供私家车泊位。

6.4 高层建筑设计与可再生材料及能源利用

为了减少能源消耗,高层建筑中融入了一些可持续的技术,包括地热系统、太阳能热水、被动遮阳、辐射供暖和制冷系统,以及节能电器和照明等。此外,探索使用生物质燃料,这是可再生能源开发利用的重要方向。但是,要创建一个真正的生态足迹为"1"的开发项目,有必要重新评估并潜在地扩展到设计。生态足迹衡量建筑整个生命周期的影响和碳排放,而不仅在施工期间。建筑物建成后的使用至关重要:建筑物如何使用,以及如何影响用户的生活。整体的生态分析从施工前开始,对建筑材料进行全面分析,包括如何制造和交付至现场,以确保使用最高效、可持续的材料和运输方法。

以纽约的新"螺旋"摩天大楼(The Spiral)为例,它是目前曼哈顿建造的构思最复杂、最令人叹为观止的高层建筑。该建筑由BIG建筑事务所(Bjarke Ingels Group)设计,是一个由空中花园和绿色露台组成的螺旋形建筑,将著名的高线公园引向天空。设计以一系列引人注目的级联露台为特色,这些露台延伸到每一个塔楼楼层,为建筑使用者带来光线、新鲜空气和户外空间;还包括通向两层高中庭的阳台,提供可定制的工作区;相连的楼层鼓励建筑使用者在白天放弃电梯,与大自然同行。这种可持续的设计处于环保建筑新关注的前沿。

6.4.1 以可再生材料木质材料建造的高层建筑

由于木结构对项目隐含碳足迹的巨大积极影响,人们认为木材是现代建筑中钢筋和混凝土使用的必然替代品或补充。CLT(Cross-Laminated Timber),即交叉层压木材,是一种新型木建筑材料,它采用木方正交叠放胶合成实木板材,面积和厚度可以定制。大块的CLT可以直接切割后作为建筑的外墙、楼板等。

近年来，由于对全球环境问题的关注以及基于木材建筑的积极引入，人们对建筑行业关于气候变化控制的期望一直在增加已经成为全球趋势。例如日本很多市区都被定为防火区，要求用于防火建筑的耐火结构构件即使在规定的加热时间后也能支撑恒载。日本2000年对《建筑标准法》进行了修订，规定了木质建筑的性能，以满足对木质建筑及其持续发展的不同要求，木质建筑有可能被视为满足规定防火性能的防火建筑。基于这一背景，日本于2010年颁布了《公共建筑木材利用促进法》，以促进木材在建筑中的利用。希望在未来，城市地区的木质建筑数量将会增加，建筑的规模将会越来越大。

以荷兰阿姆斯特丹木质高层住宅楼（HAUT）为例，其地块位于荷兰阿姆斯特丹市中心边缘的阿姆斯特尔河畔。由于该项目具有很高的可持续性，与任何其他结构材料的类似发展相比，选择木材作为结构材料可显著减少建筑物的二氧化碳足迹。通过在建筑物天花板中暴露结构木材，将结构的美学品质融入建筑中。这座21层的建筑内表面覆盖着木材，反映了塔楼的独特结构，而悬臂式阳台的不规则组合则为立面提供了视觉趣味。公寓的大窗户享有河流和周围社区的景观。该建筑的三角形基座设有一个城市公共的冬季花园，居民可以参加社区花园计划或是放松和交流，以及自行车存储空间和地下停车场（图6-6）。该高层住宅楼选择木结构部分是因为其可持续性：超过300万kg的二氧化碳将储存在交叉层压件中。其他环境特征包括发电外墙和废水净化系统，达到了英国的建筑研究院环境评估方法（Building Research Establishment Environmental Assessment Method，BREEAM）的杰出等级。这是最高的可持续性等级。此外，选择混凝土—木材混合体有以下原因：①混凝土—木材替代方案不需要钢支撑框架，提供了平面的灵活性并减少了钢吨位；②混凝土核心的额外质量提高了结构在风引起的振动和横向挠度方面的性能；③钢材替代方案中钢带的细节设计被认为具有挑战性且成本高昂，因为这需要完全刚性的拉伸连接，同时适应CLT面板制成的墙体的收缩；④混凝土木材

图6-6　荷兰阿姆斯特丹木质高层住宅楼

（来源：Verhaegh R，Vola M，de Jong J. Haut-A 21-storey tall timber residential building International Journal of High-Rise Buildings，2020（9）：213-220.）

替代品的具体碳含量被认为更低,因为钢材使用量超过了使用更大体积的混凝土。该住宅楼的承重结构因在场外制造,确保了低废物产生和快速、清洁的现场组装。

6.4.2 可再生能源利用——光伏发电实例解析

光伏建筑一体化的建设方案(Building Integrated Photovoltaic,BIPV)是另一种建筑方向,节能,环保,低碳。它是将太阳能发电(光伏)产品与建筑相结合的技术,而且可根据建筑形态来嵌入光伏,如屋顶、幕墙等形式都可以安装。BIPV 模块需要具备比普通模块更高的力学性能,并采用不同的结构方式。在不同的位置、层高、安装方式下,对其玻璃力学性能的要求可能完全不同。马来西亚在高层建筑的垂直立面上安装光伏装置能产生能量,从而有助于通过上网电价降低建筑物的电力成本;使用光伏系统最大化整个建筑表面,特别是在城市地区,将有利于建筑业主,从而通过加强可再生能源资源的利用来实现可持续的社会经济发展。

英国曼彻斯特的独联体大厦(建于 1962 年),因水泥失效,建筑表面的瓷砖开始脱落。在咨询过英国国家遗产基金会的意见之后,独联体出资用蓝色集成光伏电池将大厦外墙瓷砖取代。该项目是针对健康和安全问题采取对环境负责的解决方案。2005 年 11 月,这座合作保险大厦(Co-operative Insurance Tower)并入英国国家电网开始供电,在另一种方式继续做着贡献。大厦拥有 7 244 块太阳能光伏组件取代传统的建筑外墙装饰材料。其 120 m 高的光伏幕墙成为当时欧洲最大的、应用于建筑外立面的光伏幕墙,每年可产生 180 MW 的清洁能源,屋顶还有 24 个风力涡轮机。

1. 北京丽泽 SOHO

由扎哈事务所设计的北京丽泽 SOHO,立面设计为鱼鳞式幕墙,由 4 000 多块异形单元体玻璃构成,覆盖在曲线的建筑表面上。鱼鳞式幕墙有个特点就是施工时每层楼只能沿着一个方向安装,逐层往上,这样玻璃块块相叠,整个立面富有层次感,而且每块玻璃之间的夹角都是经过精准计算,角度都不一样。除了角度,幕墙玻璃的版块也是不规则的,严格意义上每个单元体上没有相同的玻璃。

大楼具有雨水收集、低流量的灰水冲洗装置以及带有光伏阵列的绿色屋顶以实现太阳能的收集,堪称绿色节能建筑的典范。此外,其中庭还是一座带有集成通风系统的"热风筒",不仅能将正压力维持在较低水平以限制空气的进入,还能净化和过滤塔内的空气。中庭两侧的整体式双重隔热玻璃幕墙系统具有很好的采光隔热性能,不论室外有多么极端的天气,都能保持室内舒适的环境,还减少了能源的消耗。

丽泽 SOHO 的双层隔热组合式玻璃幕墙系统,以一定的角度将每层的玻璃单元隔开,装有精准的通风调节器,在需要时通过可操作的孔引入外部空气,有效地控制着每层楼的环境质量。中庭将自然光带入建筑深处,起到综合通风系统的热烟囱效应,通风系统可以在低水平时保持正压以限制空气进入,并在塔楼内部提供有效的空气清洁过滤作用。塔楼的两部分遮蔽了中庭的公共空间,而双层隔热的低辐射玻璃,在北京极端的天气条件下也可保持室内环境的舒适。玻璃的传热系数值为 $2.0\ W/m^2K$ 时,其遮阳系数为 0.4。塔楼的整体外围传热系数为 $0.55\ W/m^2K$。

建筑采用 DNA(脱氧核糖核酸)双螺旋结构:①为避让地铁隧道,建筑主体沿地铁隧道方向分割;②建筑分割空间与丽泽路的方向旋转校准;③建筑主体分割空隙由内向外扩张;④建筑核心筒与两侧切分体穿插;⑤四个锥形体量再次塑造建筑主体。

建筑通过美国绿色建筑委员会的 LEED 金牌(Gold Certification)认证,丽泽 SOHO 先进的能源管理系统可实时监控环境和节能。这些系统还包括从排气和高效泵、风扇、冷却器、锅炉、照明和控制装置中回收热量。建筑还集成了水收集、低流速装置和废水冲洗以及带有光伏阵列的绝缘绿色屋顶来收集太阳能。建筑采用低挥发性有机化合物材料,采用高效过滤器通过空气处理系统去除微粒物,以尽量减少内部污染物。

2. 墨尔本 CH2 办公大楼

CH2 是澳大利亚的第一座被授予 6 颗星的绿色星级评定建筑,这令其具有"国际领先"的品质,为其住户提供一个健康而有效率的工作场所,与此同时通过优秀的设计和创新,减少建筑对环境的影响。作为一栋社会性的可持续发展建筑,它有着以下特征:展现自然景观,利用阳台天然采光和通风,采用 100% 全新风系统、反光板和活动式遮阳设备。在建筑南北两侧主立面上的送风和回风管道被设计为具有以下功能:①在每一层低处将新风送出;②在每一层高处将旧风抽回;③可以作为实体墙的一部分,减小玻璃墙体的范围;④通过展开式的平面布局,减少眩光;⑤立面由宽到窄,从而使得较低楼层有更多的采光;⑥立面上可以协助支撑垂直绿化;⑦由北到南明显的颜色变化,可以优化热力负荷等。

(1) 立面特色

建筑立面凸显绿色生态。北立面采用深色通风管,用以吸收太阳的热量,提升室内的热空气,并通过屋顶涡轮风机将其带出建筑物。管道宽度也是从下到上逐渐变宽,与废气量和采光口大小相适应。南立面建有 10 个浅色管道,从屋面吸进新鲜空气,向下送进建筑物各层。南部管道负责向全楼输送新风,而建筑底部的管道只提供几个楼层的新风。西立面外墙采用旧木材再生遮阳百叶,能随太阳的位置自动转向,在保证采光的同时避免西晒,百叶转向所需电能来自太阳能光电系统。东立面采用了穿孔金属板,使卫生间能够自然通风,同时给阳台提供了栏杆,并将电梯间隐藏起来(图 6-7、6-8)。

图 6-7　墨尔本 CH2 办公大楼西立面　　　　图 6-8　墨尔本 CH2 办公大楼北立面(左)
　　　　　　　　　　　　　　　　　　　　　　　　　和东立面(右)

(来源：https://www.birg.com)

（2）可持续设计

建筑积极采用设备节能，如屋顶上的燃气热电联装置用来发电和产生热量，满足建筑 30% 的用电需求。积极利用可再生能源，建筑采用面积为 48 m^2 的太阳能集热器供应全楼 60% 的生活热水，同时采用面积 26 m^2 约 3.5 kW 的太阳能光伏发电系统。在节水和废弃物回用方面，该建筑采用污水回用系统，每天从下水道抽取 10 万升废水，经过净化处理后生产出回用水用于大楼植物浇灌、卫生间冲洗和大楼内循环冷却等。

6.4.3　可再生能源利用——太阳能及地源热泵技术实例解析

德国慕尼黑南德意志出版社大楼(Sueddeutscher Verlag Tower)是德国第一座获得 LEED 金牌(Gold Certification)认证的建筑。建筑设计通过各种方式减少了对一次能源的需求的 80%，节省达 35% 的运营成本。它也是一座设计感很强的大楼，其高度 103 m，竣工于 2008 年，其外立面在阳光的照射下产生波光粼粼的效果，因为它的幕墙是不同角度拼接形成(图 6-9)。

图 6-9　慕尼黑南德意志出版社大楼

(来源：南德意志出版社大楼内部资料)

大楼双层表皮立面，结合自动太阳能保护装置和主动日光系统，其功能取决于太阳的位置或日光，承担着将阳光安全地引导到建筑物中的重要功能。除了通风功能外，它还配备了综合建筑服务设施，调节每个办公室的气候。位于玻璃窗格之间的百叶窗用于防晒。

地源热泵通过36个用于加热和冷却的热活性桩基，利用建筑下方的土壤作为季节性的储热器。在夏季，由此产生的蓄冷器可通过混凝土芯激活天花板用于建筑物的基本温度控制。通过使用热泵作为空调机，建筑下方的土壤成为下一个供暖季节的蓄热器。

图6-10中的单元对接区域的等距视图包含了内部平开窗、箱窗空间和外部的单层玻璃。图6-11中立面单元的分解等轴测视图清晰地显示了内部带有隔热玻璃单元的各个立面层，箱窗缝隙中的遮阳板，以及外部的单层玻璃或柔性遮阳板。

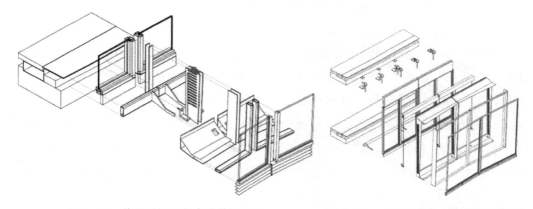

图6-10　装置对接区节点的等距视图　　图6-11　立面单元的分解等轴测视图

（来源：南德意志出版社大楼内部资料）

6.5　高层历史建筑的可持续改造和新旧建筑融合

高层建筑比任何其他建筑都更能成为城市和国家的地标。标志性的存在是这座高层建筑受欢迎的主要原因，也是该建筑可持续发展的一个重要因素。高层建筑是高效的，因对土地的影响最小，使其自然高效。高层建筑设计可以超越固有的可持续性，创造超级可持续性塔楼。这些基于性能的塔楼将响应地球不断变化的需求，并产生自然、环保的能源。高层建筑为了对抗风力的影响，应与环境协调，在利用自然能源的同时解决结构问题，提高性能，并且利用风加速度和性能以及其他自然动力源，而非被动地应对气候。利用自然资源也一直是高层建筑实践的一部分。研究表明，接触和接近自然光可以改善人们的情绪、健康和幸福。在设计之初,可以通过战略规划,增加自然光线且融入优越的景观,并提供与自然互动的机会。再如采光可以通过建筑定位、内部布局重组或使用双墙设计等,在保持温度控制和用户舒适的同时增加窗户尺寸和可见性。此外,办公空间通过设计让人们可以便捷地到达室外空间观赏植被,包括植物、花园或绿色屋顶等。从传统的整体式高楼到通过垂直和水平空间元素(如天桥、空中大厅或楼梯)连接的高层建筑,这些元素在开发区域内与周围建筑、基础设施和交通设施之间形成了全面的联系。

新旧融合的设计意味着建筑系统的升级和当代元素的置入,这对于建筑的历史特性是一种有力的补充。它需要提供一个强大、智能、集成和灵活的基础设施和能够随着时间进行变化的灵活的建筑布局。未来的人们必须认识到给予这些地标建筑一个强力、高效且可持续的系统的同时,最大可能尊重它们原来设计的重要性。人们还需要认识到通过先进的结构分析,历史建筑不应该再被视为过时的古董,而是能够达到一种保护和创新的完美结合。

建筑的可持续性是将每个建筑元素的效率和功能最大化的工具。在某些情况下,这意味着新技术和更环保材料的整合,它涉及自然资源的利用。这些设计也承认建筑系统之间以及这些系统与自然环境之间的相互作用,并寻求改善每个单独系统的性能。成功的可持续建筑的关键是找到有效的方法,将这些系统和技术整合到建筑设计中,在环境、建筑、系统和用户之间创造协同效应。高效的设计可以大大减少建筑的碳排放。通过消除冗余的建筑结构和技术连接,建筑将减少其结构的总碳足迹,例如在超高层建筑中,减少冗余结构的一种方法是在建筑顶部安装调谐质量阻尼器等。

6.5.1 德国法兰克福欧洲中央银行

欧洲中央银行位于德国法兰克福,为扭动的双塔,高达 185 m,两座高楼之间的玻璃中庭内设有连廊、通道和平台,创造了 1 个垂直城市空间。大楼与当地以前的批发市场大厅(Gross Markthalle)相连,融合了历史和现代元素,是一个独特的城市地标。高耸的双塔和平缓的地标通过入口大楼整合在一起,形成了一种独特的建筑效果。设计师指出,建筑的任务不仅是为功能提供外壳,而且通过其建筑美学,在我们全球化社会的文化中建立三维交叉参考,而不否认其位置。建筑设计者因此而获得赫森文化奖(Hessian Culture Prize)。该奖项每年颁发给在艺术、科学和文化调解领域取得的特别成就。

1. "垂直城市"的理念

连接和过渡平台将中庭水平分成三个部分,高度为 45~60 m。这是所有垂直入口的连接点,就像公共广场一样,它们邀请游客交流。规划中的"空中花园"确保了舒适的室内气候,而电梯和楼梯则将这些地方与前批发市场大厅的办公室和通信区连接起来。两座高楼之间的玻璃中庭以桥梁、通道和平台为特色,形成了一座垂直的城市。独特的中庭和可见的钢支撑结构表明,欧洲央行大楼属于全新的摩天大楼类型。

2. 作为城市客厅的前批发市场大厅

前批发市场大厅(Gross Markthalle)承担了半公共空间和信息交流中心的功能,作为现存的地标建筑,它在20世纪20年代曾经是一个批发市场。现在,它的功能变成了"城市客厅"。从建设之初,欧洲央行就明确要求创建一座独特的标志性建筑,作为欧盟的象征。一座与众不同的建筑只能通过一种完全不同的几何结构来实现。设计理念是通过双曲面切割垂直分割一个整体块,将其楔入、扭曲,并用玻璃中庭填充新创建的中部空间,在中间设置连接用的玻璃中庭,最终形成多层面的复杂几何形体。从不同角度看到的建筑外观截然不同,东南面厚重有力,西面则纤细多变。

3. 能源效率和可持续性

能源效率和可持续性是设计的关键因素。能源概念包括以下措施:雨水利用、热量回收、高效隔热、防晒和照明,以及办公室的自然通风等。一些区域,如前批发市场大厅的中庭和开放区没有配备空调系统,相反,它们充当内部和外部气候之间的缓冲区。办公楼"屏蔽混合立面"由3层组成,通过垂直的室内通风元件为办公室提供直接和自然通风。

大楼出色的节能系统具有以下特点:①高效隔离——在前批发市场大厅的薄壳屋顶和窗户这些表层区域,隔离设施得到了改进。员工餐厅和会议室的新设施有独立的外立面,它们被融入大厅之中且自成一体,调节自己的微气候。②节能型3层玻璃幕墙——保证其高效的节能特性,同时这些构件也容易替换。③高效的遮光系统——幕墙内安装了高效遮光板和炫光遮光板,防止建筑吸收过多热量。④再生热能——建筑内计算机中心的废热会折返到天花板的制热系统,并为办公区供暖。大楼的新建筑群同时与市区的电力系统和热能系统相连接。⑤可供暖和制冷的地热能源——在建筑的桩基内嵌入了地热系统,地热环路可连接到热能中心的热泵和水回路,有助于冬天制暖和夏季降温。

4. 城市规划对环境的尊重

欧洲中央银行(European Central Bank,ECB)位于法兰克福奥斯坦德区的新总部,为法兰克福天际线增添一个新的地标。塔楼设计的出发点是法兰克福市的城市视角。这座双塔高约185 m,呈多边形和东西走向且轮廓醒目,从法兰克福市中心的所有重要参考点以及美因河畔都可以看到。由于其特殊的形式和存在,双塔成为法兰克福天际线的特色。塔楼的整体设计灵感来自与法兰克福市的城市联系,由于其对重要城市视角的明确定位,该组合与法兰克福的重要城市参考点进行了对话。前批发市场大厅的壮观形式是法兰克福天际线和美因河北岸的鲜明特征,它与塔楼的垂直轮廓相结合,形成了整体,既考虑了当地的城市设计环境,也考虑了一般的城市空间环境,将城市规划规范与塔楼的几何变换相结合,生成了特定的建筑形式,同时保留其城市意义(图6-12)。

图 6-12　欧洲中央银行

(来源:世界高层建筑与都市人居学会(CTBUH).高层建筑与都市人居环境03:欧洲中央银行[M].上海:同济大学出版社,2016.)

6.5.2　波士顿证券交易所大楼

该大楼位于波士顿,也是最具标志性的塔楼之一,新的大堂巧妙地平衡了干净、现代的线条和材料,同时保留了过去的历史和宏伟。建筑设计通过一个令人惊叹的7层玻璃封闭中庭,将花岗岩和大理石覆盖的波士顿历史建筑与现代玻璃办公楼无缝融合。波士顿证券交易所大楼建于1891年,百年后的大部分仍然完好无损,40层的玻璃塔从最初的12层建筑中拔地而起。白色大理石大楼梯仍保留在原来的位置,即12 000平方英尺(约1 115 m^2)的大厅中的突出位置(图6-13)。该酒店包括1个7层的玻璃封闭中庭、1个室外拱廊和国会街沿线的休息区、1个最先进的健身中心以及1个会议中心,中心位于12楼,拥有一流的屋顶露台,享有壮观的景色,还有室外壁炉及充足的休息区等。通过创新的设计和现代化的便利设施改造,尊重并保留了其原有的建筑风格。大楼的翻新包括设施、大堂以及室外空间的增加及完善。

图 6-13 波士顿证券交易所大楼

(来源：作者拍摄)

(1) 设施丰富的社区

该大楼位于波士顿市中心的心脏地带，周边有波士顿公共区、法尼尔大厅、邮局广场公园、餐馆、零售商、健身工作室和酒店等。

(2) 柔性扩展视野及新旧融合的独特设计

超大的窗户提供了充足的自然光线，可以看到波士顿港、查尔斯河、剑桥和波士顿天际线的全景。一位当地艺术家受委托创作了大厅特有的 3 件作品，模糊了当代与历史之间的界限，即在基尔比街入口处创建一家高端咖啡馆，配有媒体墙、酒吧和现代座椅。弯曲的墙壁拥抱并限定了空间，而独特的天花板处理则激活并照亮了空间。

(3) 低碳技术的成效

作为波士顿第一座获得 LEED 铂金级(Platinum Certification)认证和多次"能源之星"认证的建筑，可持续性在 4 大类别中进行了基准测试。该建筑取得了节能运营、节能设计、减少用水、可持续选址和开发、恰当的材料选择和废物管理、提高室内环境质量和能源绩效等成果。因建筑能效提高，碳排放总量减少，进一步减少了碳足迹。与此同时降低公用事业成本，使用安全能源的独特共享节约计划，使其使用及维护更高效。

6.5.3 纽约银行梅隆中心

波士顿广场一号的纽约银行梅隆中心(Bank of New York Mellon Center at One Boston Place)位于华盛顿街和州街的拐角处，在老州政府大楼(The Old State House)旁边。这是一座带有斜撑的黑色建筑，它最大的租户是纽约梅隆银行。该大楼自 1970 年初就已开放，大楼高度为 183.2 m(约 601 英尺)，共 41 层，是一座办公大楼。因其独特的对角外部支撑和不寻常的屋顶"盒子"设计而闻名，并成了波士顿的主要地标之一。大楼

图6-14 左一为纽约银行梅隆中心;右上为老州政府大楼,右下为纽约银行梅隆中心入口
(来源:右上来自大厦官网;其他作者拍摄)

也曾是法律、金融、房地产和公司事务所等的所在地。高层建筑设计再次和历史保护建筑整合在一起,融于波士顿的历史街区中(图6-14)。

该高层建筑拥有80万平方英尺(74 322 m²)的写字楼,全钢结构。这座摩天大楼不仅是波士顿最高的建筑之一,同时获得美国绿色建筑委员会颁发的LEED现有建筑LEED金牌(Gold Certification)认证,此外还获得了环境保护局的能源之星评级。绿色建筑的亮点包括:热岛减少(非屋顶和屋顶);额外的室内管道装置和配件效率,降低20%;能源性能优化;现有建筑调试(3类);制冷剂管理;绿色清洁(9类);运营和升级创新(4类)。

6.6 高层建筑气候应对策略及可持续设计

6.6.1 高层建筑应对气候的法规及案例

各国在应对气候方面的策略多样,例如采取立法和行政手段等,开展生态系统恢复、适应气候变化的基础设施、可持续低碳转型活动等。新加坡采用了花园城市规划模式,通过其绿色地块比、基于叶面积指数(Leaf Area Index,LAI)测量绿化密度、城市空间和高层景观美化(Landscaping for Urban Space and High Rises,LUSH)计划等指标来控制,该计划要求通过从地面到屋顶的立面和公共区域的绿化来替换因开发而失去的绿色植物,它不仅为城市市民提供了更接近类似公园的环境,且作为一种生物气候策略,旨在减少城市热岛(Urban Heat Island,UHI)效应,改善新加坡的空气质量和城市生态。重要的是,无处不在的绿色植物为高层、高密度的建筑环境提供了休憩的机会,并为改善城市居民的健康和福祉提供了机会。

随着高层建筑越来越高,为适应不断增长的城市人口,开发更有效的结构解决方案,提供灵活的空间组织尤为重要。此外,在社交能力有限的情况下,更好地解决对极端垂直扩张的担忧,对于未来超高层建筑至关重要。目前正在探索的一种可行的、解决这些重要设计问题的连体塔,虽强调连体塔的潜力以提高社会互动和结构性能,但是其他设计方面也要进行整体考虑。

纽约州长于2022年12月宣布了投入资金用于现有高层建筑的开创性气候友好型改造解决方案;推进高层建筑改造项目,以减少有害物质排放,并作为城市可持续性的典范,将加快纽约在实现《气候领导和社区保护法》目标方面的进展,即到2050年将温室气体排放量减少85%;同时挑战将纽约公共和私营部门的独创性结合起来应对气候变化,政府将持续努力应对这一挑战,并为所需的全国清洁能源转型设定步伐。项目包括近600套经济适用房,预计将为提高该州现有高层建筑的舒适度、可持续性和能源性能提供解决方案,以实现碳中和,这意味着大幅减少二氧化碳排放。该挑战支持该州新通过的目标,即到2030年实现200万个气候友好型家庭。帝国大厦实现净零碳排放,应用整体方法通过逐层改造实现高层商业办公楼的脱碳,从而应对实现碳中和的挑战。逐层和建筑物水平的方法需要用水源热泵系统、热回收、高效通风系统和蓄热系统替换化石燃料加热系统。哈德逊街345号的全面改造作为将建筑基础设施升级为新的、无碳、节能的技术的机会,使这座九万多平方米的建筑完全脱碳。

以下对不同国家的典型案例进行解析。

1. 泰国曼谷的艾迪欧莫夫38塔楼(IDEO Morph 38 Tower)

该高层建筑为双塔楼形式,其中阿什顿塔(Ashton Tower)为134 m,32层;天际塔(Skyle Tower)为62 m,10层。曼谷为赤道性、冬季干燥性的气候,被认为是世界上最热的城市之一。它有多雨、炎热和凉爽的季节,在最温暖的月份平均温度超过30 ℃。湿度全年都很高,但11月至5月被认为是"旱季";6月至10月为雨季,有短时强降雨。10月至2月为凉爽季节,气温保持在25 ℃至28 ℃之间。年平均降水量为1 450 mm,其中9月降水量为300 mm。曼谷的温度范围相对较小,但降水差异可能相当大。

该项目位于一个绿色的低层住宅区,远离苏古维特路的高密度和拥堵。为了最大限度地提高建筑容积率,该项目被分成两座塔楼,每座建筑都针对不同的潜在租户的偏好。两幢建筑中较低的一幢名为天际塔,完全由复式公寓组成,面向单身人士或年轻夫妇销售。最小单元的底层面积为 23.3 m²。这些复式单元通过不同的阳台位置竖向展示。与之相比,更高的阿什顿塔强调水平和悬臂空间并针对家庭用户。公寓的大小和类型各不相同,从带阅读室的单人床,到 8 楼带私人游泳池和花园的复式公寓,再到顶层有 4 张床的复式顶层公寓。阿什顿塔北侧的每个单元都有个 2.4 m 的悬臂式生活空间,由 3 面玻璃墙组成,每个单元朝南都有个半室外的阳台,可作为灵活的空间。

2 座塔楼通过折叠的"树皮"围护结构在视觉上相互连接,此围护结构包裹着 32 层的后塔和 10 层的前塔。2 塔楼上的墙体为住户和周边居民提供了舒适的视觉环境和自然环境。建筑朝东西方向,有助于减少太阳热量的吸收。外表皮是预制混凝土板、展开的格栅和花盆的组合,表皮功能多样包括从遮阳设备到遮蔽空气冷凝装置。垂直的绿化墙安装在实际的建筑立面以外平行 625 mm 处,使它和建筑表皮间能保持自然通风和凉爽。西侧和东侧的"树皮"植物墙根据热带阳光的照射方向,策略性地被设计成绿色墙体(图 6-15)。

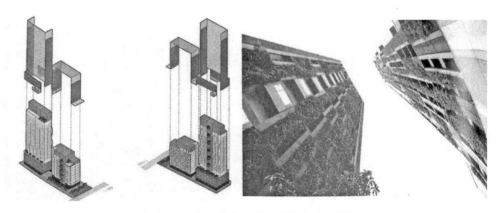

图 6-15　泰国曼谷的艾迪欧莫夫 38 塔楼

(来源:Wood A, Bahrami P, Safarik D, et al. Green walls in high-rise buildings: an output of the CTBUH Sustainability Working Group [M]. Mulgrave: The Images Publishing Group Pty Ltd, 2014.)

2. 新加坡来福士码头 1 号(One Raffles Quay)

来福士码头 1 号由 KPF 建筑设计事务所设计,位于著名的来福士坊商业区的中心地带,是新加坡中部步行网络的重要一环。大厦由 2 座办公大楼组成,由 1 个直通街区广场和拱廊相连。地下零售大厅将地下 1 层与相邻的开发项目和地铁站连接(图 6-16)。从建筑蓝图到建筑运营,将安全、安保、居住者舒适度、环境影响和可持续性作为首要任务。建筑的绿色创新包括一个室外气象站,可测量外部温度以设置室内最佳空调温度;用于冷却的冷凝水回收系统;以及跟踪能源和水消耗的绿色建筑监测器。隔热双层玻璃幕墙等智能技术可减轻空调系统的负荷,并有助于减少对环境的影响。

图 6-16 新加坡来福士码头 1 号

（来源：左图来自大厦官网；右图来自 KPF 建筑设计事务所官网）

（1）空调和能源消耗

环保智能型建筑设计采用创新技术，例如区域供冷系统，该系统为空调系统提供冷冻水，让办公室工作人员保持凉爽，保持环境温和。

（2）隔热双层玻璃幕墙

可减少环境热量传递，同时允许自然光通过仪表监控主要机电服务和设备的用电量，并在需要时提醒及时干预室外空气在进入室内之前进行预冷。

（3）电梯和自动扶梯

配备再生驱动器的节能电梯捕获使用过程中产生的热量，并将其转化为建筑物的可重复使用的能源。这些升降机还可以在非高峰时段自动减少使用量。

（4）照明

利用日光照亮大堂和办公室，减少对人工照明的需求；光传感器仅在特定位置需要时才打开照明设备；用于独立房间的单独开关可在不需要照明时减少消耗；公共开放空间照明按由光电传感器和楼宇管理系统控制的时间表运行。

（5）通风换气

所有停车场的通风无管中压系统（喷射风扇系统）用于自动控制喷射风扇的一氧化碳传感器，即插即用式空气处理机组 CO_2 传感器可根据需要调节供应到室内空间的室外空气。

宽敞的有顶盖的开放广场连接了建筑的 2 座塔楼，其精心布置的竹子和水景景观为工作人员提供了轻松的氛围以及寻求工作休憩的机会。遮蔽的广场和入口处的喷泉向租户、客人和访客致以盛大欢迎。零售空间将建筑与新加坡的主要火车线路连接起来，地下连接可无缝进入城市的其他区域，并使工作人员和访客能在遮蔽的舒适环境中往返购物中心。

6.6.2 高层建筑的多样复合型空间与可持续设计

对于可持续概念应用于建筑,不同的人看法和见解不一。有些人对可持续发展建筑的看法很有限,认为它应该是节能的。也有观点认为依靠可再生能源的高性能建筑是可持续的。显然建筑的能源来源和能源效率是可持续发展的关键部分。建筑是能源的重要消费者,节约能源不仅是保护我们的资源和环境的合理义务,重视能源效率也是高层建筑可持续发展的重要方面。同时可持续发展必须以全面的方式来看待,应该包括生态、社会和经济方面的考虑。例如芝加哥的高层建筑尝试通过"土地集约利用",用最少的投入发挥最大的价值,同时也扩展了公共空间,使得办公与居住区间等更加亲切怡人;高层建筑所在地块的地下和地上空间得到了充分开发,原有地块的土地面积得以拓展,用于绿化、交流和公共活动场所;而滨水的不同高层建筑在功能上形成互补,满足人们不同的需求等,也通过公共空间拓展了建筑功能的复合性。通常情况下高层建筑可采用"引入景观"的设计,以及见缝插"绿"手法,体现建筑与自然的联系(图6-17)。通过在空余地面、建筑底层的灰空间、屋顶充分利用等,使高层建筑在立体开发后的绿化率得以提升,创建出面积更多的绿地。绿化设施的空间分布更加均衡、种类更加多样化,处于不同高度的绿色景观,也构成了新型的"都市森林"。

图6-17 芝加哥高层建筑空间的包容性

(来源:作者拍摄)

高层建筑开发最重要的驱动力之一,通常是其在密集城市的土地利用方面的经济效益。这种以经济为基础的高层建筑的发展已经产生了许多高层塔楼,通过垂直重复楼层,最大限度地提高了可出租空间,但这种设计趋势限制了高层建筑中居住者的社会交往。为了克服高层建筑的这种设计局限,人们采用了各种配置的空间,这些空间往往动态地连接多个楼层空间。当多个塔楼连接在一起时,创造空间的潜力显著提高,从而促进更广泛的社会互动。连体塔的这种设计潜力以及它们的结构优势和许多其他设计可能性,可以探寻更适合居住和可持续的垂直建筑环境。在世界许多城市中,高楼大厦占据了城市环境的重要位置。尽管它的发展历史相对较短,但这种建筑类型仍然是适应快速增长的人口和城市化所必要的。我们建造环境的未来在很大程度上取决于如何设计和建造它们。

以下解析高层建筑复合型空间与可持续设计的案例。

1. 东京六本木新城森大厦(Mori Tower)

森大厦被视为东京新兴转型的催化剂。大楼有52层,高247 m,拥有宽敞无柱办公空间、东京最大的会议设施之一、豪华住宅、商店和餐厅,以及6 000 m^2 的开放空间和绿地。该项目的目标是完成一个独特而吸引人的混合用途城市区域的开发,缓解城市中心的交通拥堵,并促进道路沿线的发展,包括滨水区,以重组和提升东京的城市结构。为加强其作为优质室外空间的功能,引入新的文化和社会互动功能,有助于促进国际交流和旅游城市的发展。

设计通过增加大楼的高度来增加更多的绿地和公共空间,并缩短办公室与居住区之间的距离,减少人们的交通时间,使得在六本木办公、居住的人们享受足够的便利。其内部有美术馆、酒店、剧院、博物馆,还分布有大量的餐饮食肆和购物场所,最终让建筑呈现出颇为人性化的一面。

大厦"有稻田的空中庭院"是其特色。设计高度不同的绿色广场,构成新型的都市森林。高约45 m,面积约1 300 m^2 的空中花园,导入在都市中十分罕见的水田和厨房花园,设计目的是从都市的紧张恢复到开敞稳定的"农业风景"。生活在社区的孩子们可以通过插秧、收割等活动,接触自然并增加生活体验。

六本木新城是一座集办公、住宅、商业设施、文化设施等为一体的建筑综合体。这座由旧城改造出的新城,代表了日本最高水平的城区改建,被誉为"未来城市建设的典范"(图6-18)。设计将人文关怀与城市情感融入街道与景观之中,将森大厦变成一个"垂直

图6-18 六本木新城森大厦

(来源:Binder G. 101 of the world's tallest buildings[M]. Mulgrave: Images, 1995.)

花园城市",是一种极具人文关怀的设计理念,在规划时就将人的流动作为首要考虑因素,并以垂直流动线来思考建筑的构成,使整体空间充满了层次变化感,将都市的生活流动线由横向改为竖向,以改变人们的居住与生活行为模式。

2. 新加坡滨海湾金沙酒店(Marina Bay Sands)

新加坡滨海湾金沙酒店是拥有室外泳池、观光平台等高档设施的度假酒店,室外泳池建在酒店57层高的塔楼顶层,人们在此可俯瞰新加坡的城市景观;同时位于57层的空中花园将3座顶级酒店连为一体,在这座空中绿洲上,汇集了苍翠绿荫的露天花园、无边泳池以及购物广场、会展中心、艺术科学博物馆、剧院、水晶宫、活动广场等。

连通性指环境在各种尺度和目的上提供接触点的程度,一定数量的行人路线增加了社会互动和交流的机会。城市路径和节点的高度可以提高移动性和连通性,从而提高行人的步行性和安全性。在酒店中,多层高架空中步道和地下道路不仅连接了两座被一条宽的高速公路分隔的建筑,而且还连接了酒店、世博会、零售、剧院、捷运站和公共滨水区等各种功能。在开发过程中,高架和地下的路径和空间成功地补充了地面上的不足,形成了一个连续的公共领域和街景的综合体,即多层网络的目标。考虑到这类综合体发展的大规模、混合性质,必须通过使用不同的节点来确保易读性,即建筑、自然和人类活动节点、空间多样性等。因此,在如此大规模、复杂的环境中,以区分节点为特征的三维、结构清晰的网络可以潜在地提高连通性和通达能力(图6-19)。

图6-19 新加坡滨海金沙江酒店透视及屋顶景观
(来源:新加坡滨海金沙酒店官网)

随着建筑物越来越高,人们往往努力建造具有多种功能的垂直城市社区,而不是建造单一功能的塔楼。混合使用塔楼的典型设计是垂直叠加多个功能,每个功能组一般由相同或相似结构的楼层组成,由此避免大量单调的重复楼层。

3. 纽约曲线住宅(Solar Carve)

这是一座玻璃立面的住宅建筑,位于纽约高线公园沿线。高线公园已经成为高效的城市更新以及工业区改造的典范设计,该住宅设计方案巩固了这一想法,即用可持续的解决方法来启发建筑设计思维。建筑师根据日照、通风以及去往高线公园的路线等条件来设计建筑形态，并重塑了传统的分区逻辑。建筑基地位于高线公园东侧，为了不遮挡公园阳光，建筑体量被扭曲并向后推，留出一个充满阳光的几何形步道。

曲线住宅展示了当代建筑如何充分考虑其用户和环境，并改善密集的城市条件。虽然高线公园位于城市街区结构中心的独特位置，这使其成为一处非凡的城市绿地，但这也意味着它无法受到城市分区法规的保护。当应用于场地时，这些规定产生独特的金字塔形建筑围护结构，旨在保持周围街道的光线和通风；与此同时，高线公园则一直处于阴影中，并受到视野受阻的影响。事实上，正确的分区将允许塔楼直接建在高线公园。设计寻求一种综合方法，优先考虑利用太阳光线的入射角来设计建筑的形态，使建筑为高线公园提供特有的光线和通风条件等。以分区决议的精神和意图为指导，但通过特有的建筑体量及其西北角和东南角的"太阳能雕琢"来适应太阳的运动，其结果是一个雕塑般的宝石般的立面，展示了深思熟虑的太阳能驱动分区的建筑潜力，以及一座增强城市公共生活的塔楼。该建筑设计也揭示了以人为本的分析方法用于高层建筑的潜力，并提供了一个模型，说明针对特定地点的环境条件和更新继承分区的综合方法如何使新建筑能够改善密集的社区并保护公共空间。

纽约曲线住宅通过不同寻常的高天花板提供了自然光以及高线公园和哈德逊河的壮丽景色。它可为社区带来更高的密度和更新的便利设施，同时也可以保护高线的空间质量及其所支持的生态系统。这座建筑是以太阳的角度雕琢的，以保护邻近高线公园的阳光照射。设计强调用多面玻璃立面将建筑的雕琢区域连接起来，使复杂几何形状合理化，也使建筑呈现出引人的宝石般的外观。而在建筑内部，设计从"雕琢"的建筑形式来力求创造动态空间，适合私人办公室或员工协作空间，支持办公室的各种需求（图6-20）。

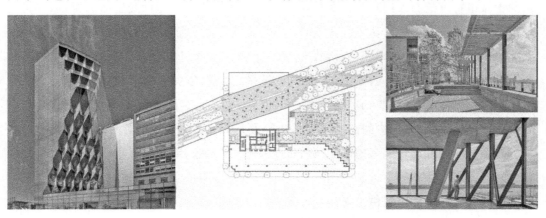

图6-20 纽约曲线住宅

（来源：美国建筑师协会官网，作者改绘）

6.6.3　高层建筑绿色低碳技术的综合运用案例解析

通常用于评估建筑可持续性的标准主要包括以下内容：①合理利用自然资源；在建筑产品的生产过程中尽量减少浪费；②减少内含能源材料的使用；③尽可能使用当地材料；④尽量减少建筑垃圾；⑤从结构系统到机械、电气、垂直运输和其他建筑系统的综合和整体设计方法；⑥尽可能地依赖可再生资源。此外，监测建筑物在运行中的实际性能以及如何测量和评估这种性能是重要的考虑因素。一方面，可以检测设计模型和假设的准确性。另一方面，在建筑的设计阶段和运行阶段之间可能会发生很多未知情况，其结果可能与预期或设计的结果不同，甚至差异较大。

实现建筑领域碳达峰、碳中和目标任重道远，需要综合施策，更需要全面普及推广绿色建筑、深入推进建筑节能、持续推广绿色建造。①加快建设低碳城市、低碳社区。城市是人为温室气体排放的主场，实现城市碳中和不能一味走西方国家的传统路径，必须另辟现代化道路。这一条道路可以是通过发展光电、热电等清洁能源，构建低碳社区、低碳城市，大幅降低城镇存量建筑能耗，同时加强城市基础设施节能，优化设施结构和用能方式。②加大园林绿化规划的推进力度。实现碳中和必须依托碳吸收及碳捕捉，要持续提升城乡绿地率和绿化覆盖率，开展园林绿化及生态指标评价，加快公园城市建设推进实施，提升城市人居环境。③全面推行建筑本体节能、可再生能源利用、智慧管控系统、行为节能等标准、产品和服务，加快推动低碳、零碳、负碳等关键技术攻关。④推进新发展理念，不断创新，向双碳目标迈进。

1. 上海中心大厦

上海中心大厦整体呈螺旋上升形态，其不对称布局带来多种可能性，垂直空间规划来源于城市特有的石库门建筑以及长长的里弄和庭院这一上海社交生活的背景，并将这种布局和场景垂直呈现。从采光来讲，全透明玻璃幕墙能够极致利用自然光，降低了对人工照明的依赖；从景观来讲，内部设有空中花园、中式园林和西式园林，使建筑内部具有生机、使用空间更为怡人；从节能来讲，建筑采用双层幕墙系统，以期减少外界高低温对建筑内部的影响，从而节约能源消耗。但也有人质疑，双层幕墙系统使得建筑内部空间利用率极低，而且幕墙中间的支撑钢结构等大大影响了内部使用者的视野。

能源性能及外墙性能考虑的主要特征是基于被动中庭系统的生物气候概念，全高中庭空间充分利用捕获的空气和空气的自然对流所能提供的所有好处。中庭与外部和内部玻璃表皮共同工作以提供上海建筑环境所需的热舒适度。这项工作效率很高，仅中庭最下端采用了外围风机盘管装置进行了轻度调节，该装置主要在极端天气期间进行加热或冷却，使大部分中庭通过自然上升气流和调节顶部排气的组合进行通风，并在每个区域的第一层和顶层使用溢出空气。整个系统（包括建筑中的其他 LEED 策略）创造了约 2%的能源效率，7%的总效率是由于用于外墙设计的各种功能。大厦的雨水收集与利用采用了先进的技术措施，包括收集、贮存、净化、利用四个环节，确保雨水能按清洁程度分层次地用于大厦的不同地方。

上海中心大厦代表了未来城市超高层建筑设计的新愿景。这一愿景在中国政府的坚定支持下得以实现，中国政府旨在引领世界推动可持续、高性能的建筑设计。仅在过去十年中，中国各地的城市就设计和建造了这些建筑的典范。大厦的建筑围护结构是实现这些更广泛的可持续发展目标的总体战略的一个组成部分。该建筑的设计过程始于解决几何独特性和优化其性能，同时平衡美学与生产成本、可施工性、可用性、能源效率、安全性、环境影响和其他因素。上海中心大厦建筑设计充分利用最先进的节水措施、高效建筑管理系统和提供大厦部分能耗的发电系统，是世界上最先进的可持续高层建筑之一。晋思（Gensler）建筑设计事务所设计的一个核心元素，是包裹建筑的双层透明幕墙，减少了制暖和制冷的能源消耗（图 6-21）。

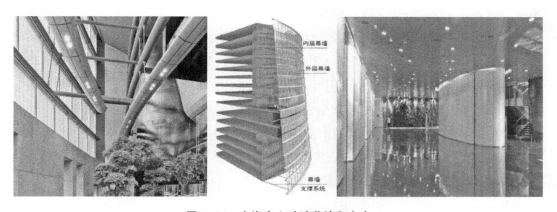

图 6-21　上海中心玻璃幕墙和室内

（来源：左图、中图来自晋思建筑设计事务所官网；右图为作者拍摄）

2. 北京望京 SOHO

由扎哈事务所和悉地国际设计的北京望京 SOHO 项目包含办公室和地上零售区、地下零售区（位于地下 B1 层）、停车场和设备室（位于地下 B2、B3 和 B4 层）。主楼之间有多个零售商店和活动区，它们与几个入口构筑物共同形成了一条"峡谷"以及地面购物街。在"峡谷"的东、西部各有 1 个下沉式花园，景观道路一直延续到下沉购物广场中。为缓解城市的热岛效应，大部分屋顶覆盖着百叶，顶层屋顶覆盖着高度反光的材料。建筑遮阳采用单元式的双层隔热低辐射玻璃系统和水平带状的白色铝制外幕墙板，还配有维护平台和雨水收集装置。为鼓励更为可持续的交通方式，设计专门规划了低排放汽车

图 6-22　望京 SOHO

（来源：扎哈建筑事务所官网）

停车场及自行车停车场，可直接与周边地铁和公交站对接（图 6-22）。

3. 南京紫峰大厦

南京紫峰大厦位于南京市鼓楼中央商务区，是目前南京第一高楼。大厦实际楼高 384 m，加上天线高度共有 450 m，地下 4 层，地上 89 层。大厦让南京迈进了 400 m 高楼队伍，它也是完全由中国投资、中国建设的第一座超级摩天大楼。

大厦由美国 SOM 建筑设计事务所设计，并由首席设计师史密斯担任主创。设计师在建筑设计中融入了富有中国元素的 3 种意向，即龙文化、扬子江和园林城市，体现了当代世界建筑艺术与中国传统文化、南京本土文化的结合。这座平面呈三角形的大厦从南京市繁华的鼓楼广场交叉路口拔地而起，建筑整体造型设计优雅，与大厦内部功能空间和外部所处环境相得益彰。大厦立面阶梯式分段造型表明了其内部功能用途，低层部分由办公和商业空间组成，高层部分则包含一家酒店、餐厅和公共观景平台。这座摩天大厦拥有一览无余的景致视野，将附近的湖景、周边山脉及市内众多历史建筑尽收眼底。

紫峰大厦的外立面幕墙玻璃采用龙鳞式锯齿状的单元式玻璃幕墙安装方式。幕墙材料采用了断热型材与低辐射镀膜中空玻璃（LOW-E 中空玻璃），不仅有节能效果，而且随着视角的不同以及阳光的变化会产生不同的立面效果，形成步移景异的效果。大厦的大厅采用深色花岗岩地面、金属铝板吊顶，精选天然黑洞石墙面。办公层走廊使用艺术玻化砖和不锈钢地砖、金属板吊顶、艺术石材墙面。独特的单元结构三角玻璃幕墙如同龙鳞一样沿着楼体盘旋而上，辉映着南京城的城市气质（图 6-23）。

紫峰大厦是一个综合用途高层建筑，由位于两个地块 A1 和 A2 上的建筑组成。A1 地块包含连接两座塔楼的裙楼。更高的 450 m 塔楼由办公室和酒店组成，塔楼包含纯粹的办公空间。建筑的形状和位置旨在与现有道路的几何形状相呼应（图 6-24），并最大限度地展现城市的外部景观。该建筑的构

图 6-23　南京紫峰大厦

（来源：作者拍摄）

成保持了北京东路的东西向观景走廊,并提供了与附近历史鼓楼和钟楼的视觉联系。景观是该建筑的重要组成部分,因为建筑远离街道,有多个大型景观公共开放空间。A1 地块以南是个下沉式花园,地块的裙楼顶部是个屋顶花园,以减少热岛效应。除了地面和裙楼花园空间外,该设计还融入了空中花园,这些花园沿着立面蜿蜒而上,将绿色景观一直带到塔楼上。

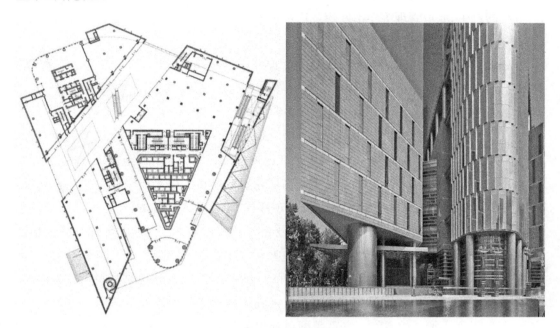

图 6-24　南京紫峰大厦

(来源:Binder G. 101 of the world's tallest buildings[M]. Mulgrave:Images,1995.)

塔楼采用独特的立面系统,而不是典型的嵌入式玻璃幕墙系统;它由偏移的模块化面板组成,这些面板在平面图中凸出,为建筑立面创造出独特的纹理。每个幕墙单元在平面图中是一个三角形,并在每两层之间移动半个模块。它创造了一种缩放效果,在捕捉城市的光线和反射方面具有非常独特的视觉吸引力。三角形单元的小边缘是一个固定的穿孔金属面板,后面有一个隐藏的可操作面板,用于自然通风和排烟。这将有助于减少某些过渡季节的机械通风能耗。每个三角形单元的长边由一块高性能隔热低辐射玻璃面板组成,有助于减少建筑外墙的热量。

4. 纽约美国银行大楼(Bank of America)

这家美国银行总部位于布赖恩特公园(Bryant Park)的西北角,地理位置优越,将重要的公共服务和安全的银行业务结合在一座绿色建筑内。公共空间包括重建标志性的亨利·米勒剧院(Henry Mille's Theatre)、著名的史蒂芬·桑德海姆剧院(Stephen

Sondheim Theatre)、一条半街区的步行道和一个街道级的"冬季花园"、带有可控的玻璃屏幕。银行大楼的商业办公室、便利设施和行政区域位于覆盖裙楼和塔楼的引人注目的水晶形状内。布赖恩特公园代表着现代建筑设计思想的转变,在很大程度上实现了绿色建筑运动中许多最具变革性的理念,包括节水、节能、材料效率和室内环境质量。它从根本上改变了大规模商业开发的市场。在这座由现代摩天大楼定义的城市中,这座塔也对21世纪的再生、城市管理等作出回应。这是世界上第一座获得LEED铂金级(Platinum Certification)认证的高层写字楼。

美国银行大楼也被称为湾布莱恩公园大厦(One Bryant Park),由库克福克斯建筑设计事务所(CookFox Architects)设计,是世界上最高效、最生态的建筑之一(图6-25)。这座55层楼高的塔楼以77.72 m的建筑塔尖为顶点,于2009年开放。大楼位于美国大道和第六大道之间的第42街,高达365.8 m。2009年落成时,它是该市第4高的建筑,仅次于世界贸易中心一号大楼(One World Trade Center)、公园大道432号和帝国大厦(Empire State Building)。2010年获得了高层建筑和城市人居委员会颁发的"美国最佳高层建筑"奖。大楼在整体设计和细节处体现环保、节能和人性化的理念,可收集和再利用雨水和废水,有效利用太阳能,且办公区域充分采用自然光。大楼的环保性能包括通顶的玻幕墙、高级的下空气循环系统以及一座利用冰储存原理而来的余热发电站;可极大限度地重复使用废水和雨水,每年节省数百万升的纯水消耗;还可进行自动日光调光,大楼的晶面幕墙可有效利用太阳能,并可捕捉到光照角度的每次改变,进入大楼的空气进行过滤后,送出清洁的空气。它是美国最环保的建筑,也是世界最高效和生态友好型

图6-25 美国银行大楼

(来源:http://www.skyscrapercenter.com)

绿色建筑之一。

　　大厦的设计基于对生命的热爱或人类与自然环境联系的内在需求的概念，旨在为高性能建筑树立一个新的标准，既适用于办公楼的员工，也适用于21世纪初开始意识到可持续发展的现代要求的城市和国家。从居住者层面，其目标是创造一个高品质的现代工作场所，强调日光、新鲜空气以及与室外的内在联系。在城市规模上，这座塔楼不仅指向附近的环境，也指向曼哈顿市中心的背景，在已经标志性的地平线上增添了一个新的且富有表现力的轮廓。

　　它的设计师在著名的纽约水晶宫（New York Crystal Palace）找到了部分灵感，这座为1853年纽约环球展览而建的展览建筑，位于布莱恩公园，是美国第一座采用轻金属结构框架的建筑，同时也受到了该市经典摩天大楼的文化影响。为了应对其密集的城市环境，这座建筑挑战了公共和私人空间的限制，它有一个透明的角落入口，可以进入大厅，一个透明而中立的空间，可以与布莱恩特公园的公共空间建立联系，其恢复性空间绿地通过屋顶和一个环绕城市花园的房间延伸到建筑内部，可供公众进入。除了52部电梯外，该建筑还有3部自动扶梯。

　　在建筑材料方面，这座由玻璃、钢和铝组成的摩天大楼，部分灵感来自其紧邻的特定地点和更广泛的城市背景。大厦需要8家公司制造的2.5万吨结构钢和精心设计的立柱。低密度玻璃幕墙覆盖了从地面到天花板的塔楼，通过低辐射玻璃和特殊的陶瓷片反射热量，同时提供特定的视图，最大限度地减少了太阳热量的增加。塔楼使用环保建筑材料，87%使用再生材料建造，甚至用45%的再生成分制备混凝土，在本例中为高炉矿渣。该建筑采用落地式窗户，可优化自然采光。除了废水回收机制外，塔楼还有自己的雨水收集系统。公共城市花园（Public Urban Garden）采用自然材料，并带有一些小的触觉细节，如白橡木制成的门把手或皮革面板等，使塔体能被人类的触摸和外观所理解。

　　大楼在节水措施方面成效显著，包括灰水回收、雨水收集系统和无水小便器，可节约数百万升的饮用水，并将建筑用水减少近50%。通过地板下空气系统和95%的过滤，送至办公室的新鲜空气可以单独控制，使其排出大楼时更干净。认识到其对密集大都市中心的影响，该建筑仓库中的热储冰罐在夜间产生冰，这降低了该建筑对城市税收超负荷电网的最大需求。此外，现场一座4.6 MW的热电联产厂提供了一种清洁高效的能源，可满足建筑年能源需求的近70%。

　　塔楼设计颇具特色。大约从18层开始，一直延伸到幕墙的顶部，建筑的4个角开始向内倾斜，朝向核心，以大约7°的浅角度倾斜（平均）。每个角落从不同的地板开始倾斜，每个倾斜表面以不同的角度倾斜，大约20°，使体积看起来更轻、更动态。这一特点还改善了下方街道空间的自然采光和空气质量，以及内部视觉轴的范围，这通常会受到典型的纽约街区网格的限制。多变的倾斜表面和色彩极其清晰的幕墙使建筑看起来像个巨大的石英晶体。在它的东南方向,一道深深的双层墙将建筑物的整个高度朝向布莱恩特公园。塔楼的多面玻璃设计具有独特的雕塑表面,具有鲜明的褶皱和精确的垂直线条,这些线条通过太阳和月亮的运动而变得生动。从容纳复杂行人和周围交通循环的建筑底部,到持续到塔尖的总集中度,该设计符合曼哈顿市中心的建筑环境特征。

6.7 高层建筑生态环境保护与空间设计的新探索

据估计,到2050年,66%的全球人口居住在大型、密集、以服务业和工业为基础的城市群中,由此为不断增长的人口提供住房、教育、医疗保健、交通和其他基础设施,需要采取有效的发展措施,而且应认识到气候变化的影响、资源短缺和能源成本上升。此外,新兴的颠覆性技术,如基于云的系统、先进材料、可再生能源等,有望改变我们的生活方式,并引发空间的新使用,从而可能从根本上改变建筑环境。因此,随着当前城市结构和垂直发展模式的转变,上述挑战需要对高层建筑进行重新思考,重点是用途混合、多层通道和交通一体化以及生态环境保护,做到美观性和功能性统一,实现人、建筑、自然的和谐。我国一直秉持"协调、创新、绿色、开放、共享"的发展理念和"适用、经济、绿色、美观"的建筑方针,坚持对标国际最高标准、最好水平,不断提升绿色低碳建筑品质和能级。推进可再生能源建筑一体化设计,打造低能耗低碳排放的高品质高层建筑,积极响应国家"双碳"目标,持续提升建筑能效水平。

6.7.1 高层建筑关注人和一体化设计

事实上,城市空间是实现城市社会、环境、经济和文化的关键载体。以新加坡为例,国家经历了从沼泽地到高密度城市的前所未有的变化。在新加坡密集的城市环境中,各种建筑类型的空中花园、空中桥梁和空中球场等高架空间出现并增加,从而增强城市的活力和可达性。天空庭院和空中花园成为公共空间,用于休息和社会活动,就像大多数城市的公园和人行道长椅一样,它们可以缓解公园和广场等公共空间的过度拥挤,或取代因开发而失去的地面空间。随着这种连接城市结构网络的不断发展,已逐渐形成了三维的多层网。

社交媒体、移动设备和电子商务等技术在我们日常生活中逐渐普及,导致了社会中的个人和组织系统的演变。这使得构建环境必须适应不断变化的用户需求,并促使设计师创新灵活和多功能的空间类型。高层建筑现在需要内部基础设施,将这些空间与其周围环境相结合,甚至通过交通一体化与区域范围的交通网络相连接。

混合型建筑需要支持居住、工作、娱乐、学习、环境的营造以及融入大量的灵活性等,而建筑内混合使用模式的进一步强化是通过时间和空间共享的概念来实现的。芬顿(Fenton)是最早将高层混合使用建筑的形式分为 3 类的人之一,即肌理混合、移植混合和庞大混合体。肌理混合主要借鉴周围城市环境的肌理进行混合;移植混合则代表不同建筑形式在城市街区内组合,突出不同的功能;庞大混合体是将不同功能合并在统一外表下的一种高层组织结构,这些混合开发的设计变体包括复杂的形式、建筑的布局、室内外混合的界面、地下空间、多层和高架公共空间等。

美国旧金山市通过《环湾再开发计划》力图将环湾区转变为复合功能、以交通为导向的可持续发展模式。经过国际概念设计竞赛以及随后的十余年间的多方联动,老汽车站及高架匝道拆除,一座先进的综合交通枢纽取而代之,在重新整合的地块上拔地而起,并从无到有地创造出一个全新的充满活力的多功能城市环境,一个由十几座新开发项目组成的新街区。西萨·佩里在此用钢和玻璃修改了一座 1 200 英尺(约 366 m)高、类似方尖塔的建筑(Salesforce Tower),旁边是一座新的公共汽车和火车站的枢纽。改造后的枢纽长 0.25 英里(约 402 m),横跨两座街区,顶部是一座 5.4 英亩(约 21 853 m²)的公园,集中了该州各样的景观特色。

(1) 城市公园体现了可持续发展的原则

项目场地位于未来的公共汽车、轻轨和轨道终点站之上,设计中结合了水体改造、城市栖息地的可持续性原则。这个 4 英亩(约 16 187 m²)的公共公园会为市民提供休闲娱乐和教育的体验,同时提高环境质量。公园建成后,可吸收公共汽车的尾气、处理和循环水,并为旧金山市区提供一个鸟类、蝴蝶和其他动植物的栖息地。同时它成为新社区生长的一个基本元素,在用地高度紧张的区域提供高质量的开放空间。公园的设计包括蜿蜒的小径,引导游客进入不同的情境和空间,也可以选择社交的开敞空间。为了创造能够模糊屋顶和地下界限的地形,设计中将种植植物的山丘和半球形的天窗相结合,让光线照射入地下的站台。PWP 景观设计事务所和环境艺术家内德·卡恩(Ned Kahn)在项目中有所合作,设计了一个 365 m 余长的公共汽车喷射喷泉,表现了公共汽车驶进站台时飞溅水花的意向。流经公园的雨洪和地下建筑的水将会被收集起来,在公园东部的一个地下的湿地将会净化中水,然后用于地下的其他部分。

(2) 建设绿色低碳的韧性社区

塔楼设计体现了可持续性,具有全面的减碳功能,可节约能源并为健康、生产环境赋能。它将成为美国商业高层建筑中规模最大的黑水回收项目,将水足迹减少了 76%。该塔在第五层连接到交通中心的屋顶公共公园,该公园延伸了 4 个城市街区,这里有原生

高层建筑设计与绿色低碳技术

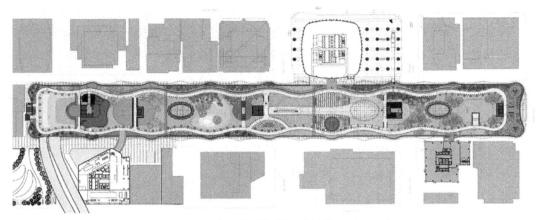

图 6-26 高层建筑与街区连接的总平面示意

(来源:佩里事务所官网)

树木、绿叶花园、喷泉、公共艺术和文化活动(图 6-26)。

6.7.2 高层高密度城市模块化综合建筑

模块化建筑可以提高运营效率,不受天气的影响,建筑材料有专门的存放场地,并由特殊的运输团队运送至工地,即生产和运输流畅衔接。模块化体系非常灵活多变,可以运用到不同项目中。与传统建筑相比,模块化建筑在安全、社区影响力、工作地点的连贯性以及适应各种气候环境的作用等方面都具有极大的优势。在模块体系中,基本的楼体已安装了完全焊接的钢架底盘。模块构件的两侧充当焊接空腹桁架,可在角柱中间旋转。位于下方的模块柱承担了上方所有模块构件的重量。一般模块化建筑重量只有传统钢筋混凝土平板建筑的 65%。减少的上层建筑重量则节省了资金。模块的顶板充当了隔膜的作用,工人在外面安装连接模块的结构,无需在内部搭建脚手架,有效降低了工作风险。

以纽约迪恩街 461 号的高层公寓(图 6-27)为例,设计采用模块化建造方式,建筑高度为 106 m,共 32 层。建筑每个部件从清水墙到完成的木制品、到外立面板都要和经过完全组装的模块构件集合为一体。当模块到工地时,已完成了 80%~90%,由此现场施工减少了垃圾且节约了资源,形成一种可持续性的开

图 6-27 纽约高层公寓

(来源:https://assets.reputation.com)

发项目。

高层模块化建筑在高密度城市的实施仍然有限。目前对模块化集成建筑的驱动因素、制约因素和策略以及高层高密度城市中模块化的采用情况仍是研究重点；同时最重要的驱动因素是加快施工速度和缩短项目工期，实行财政激励措施，更好的质量控制、政策倡议和促进，以及改善工人的福祉。该模式最重大的限制因素是条例过于严格、守则和标准有限、有能力的供应商和承包商有限、物流挑战和可售区域的缺失。由此确定与财政奖励、标准和守则、技术解决办法、运输条例和在公共住房中优先采用相关技术最重要的成功战略。这需要提出一个系统框架，以解决在社会、技术、经济、供应链和监管背景下采用模块化的复杂性。这些发现将有助于加速高层高密度城市采用模块化方法，并为未来模块化研究提供系统方法。

参 考 文 献

[1] 世界高层建筑与都市人居学会(CTBUH). 高层建筑与都市人居环境03：欧洲中央银行[M]. 上海：同济大学出版社，2016.

[2] Wood A, Bahrami P, Safarik D, et al. Green walls in high-rise buildings：an output of the CTBUH Sustainability Working Group[M]. Mulgrave：The Images Publishing Group Pty Ltd，2014.

[3] Wood A, Salib R. Natural ventilation in high-rise office buildings：an output of the CTBUH sustainability working group[M]. New York：Routledge，2013.

[4] 黄文森，Hassell R, Yeo A. 花园型巨型城市：全球变暖时代背景下对城市的再思考[M]//世界高层建筑与都市人居学会(CTBUH). 高层建筑与都市人居环境08：巨型城市. 上海：同济大学出版社，2016：46-51.

[5] Binder G. 101 of the world's tallest buildings[M]. Mulgrave：Images，1995.

[6] 世界高层建筑与都市人居学会(CTBUH). 高层建筑与都市人居环境06：匹兹堡PNC广场大厦[M]. 上海：同济大学出版社，2016.

[7] Smith A, Gill G, Forest R. Global environmental contextualism[C]// The CTBUH 2008 8th World Congress. Dubai，2008：1-11.

[8] 世界高层建筑与都市人居学会(CTBUH). 高层建筑与都市人居环境04：哈德逊城市广场[M]. 上海：同济大学出版社，2016.

[9] 世界高层建筑与都市人居学会(CTBUH). 高层建筑与都市人居环境02：聚焦日本[M]. 上海：同济大学出版社，2015.

[10] 世界高层建筑与都市人居环境(CTBUH). 世界高层建筑与都市人居环境01：米兰的垂

直森林[M]. 上海：同济大学出版社，2015.

[11] 世界高层建筑与都市人居学会（CTBUH）. 高层建筑与都市人居环境10：新加坡南岸大厦[M]. 上海：同济大学出版社，2017.

[12] 世界高层建筑与城市人居学会（CTBUH）. 高层建筑与都市人居环境12：连接城市[M]. 上海：同济大学出版社，2017.

[13] Atsunari Hanai, Hiroyuki Matsuzaki, Hirokazu Ohashi. Developments of Fire-Resistant Wooden Structural Components and Those Applications to Mid- to High-Rise Buildings in Japan[J]. International Journal of High-Rise Buildings, 2020(9)：221-233.

[14] Mohamed I, Branko K. Towards resource-generative skyscrapers[J]. International Journal of High-Rise Buildings, 2018, 7(2)：161-170.

[15] Verhaegh R, Vola M, de Jong J. Haut-A 21-storey tall timber residential building International Journal of High-Rise Buildings, 2020(9)：213-220.

[16] Samant S. Cities in the sky：elevating Singapore's urban spaces[J]. International Journal of High-Rise Buildings, 2019(6)：137-154.

[17] Sun M K. Developments of structural systems toward mile-high towers[J]. International Journal of High-Rise Buildings, 2018, 7(3)：197-214.

[18] Samant R S, Jayasankar M S. Exploring new paradigms in high-density vertical hybrids[J]. International Journal of High-Rise Buildings, 2018, 7(2)：111-125.

[19] Moon K S, Miranda M D D O. Conjoined towers for livable and sustainable vertical urbanism[J]. International Journal of High-Rise Buildings, 2020, 9(4)：387-396.

[20] Aminmansour A. Sustainability impact of tall buildings：thinking outside the box! [J]. International Journal of High-Rise Buildings, 2019(6)：155-160.

[21] 世界高层建筑与都市人居学会（CTBUH），中国高层建筑国际交流委员会（CITAB）. 中国最佳高层建筑：2016年度中国摩天大楼总览[M]. 上海：同济大学出版社，2016.

[22] 法利，津贝尔. 城市高层建筑经典案例：高层建筑与周边环境[M]. 李青，译. 北京：电子工业出版社，2016.

[23] 曾宪川，孙礼军，周文，等. 高层商业城市综合体建筑设计方法研究[M]. 北京：中国建筑工业出版社，2017.

[24] 王洪礼. 千米级摩天大楼建筑设计关键技术研究[M]. 北京：中国建筑工业出版社，2017.